Das l ... .or

Ob er e... ..g an vorhatte, eine »Trilogie« vorzulegen, bleibt das Geheimnis des Autors. Aber er nennt die im verlag am park nunmehr erschienenen drei Bücher so: eine Trilogie. Sie sind alle autobiografisch gefärbt, mal stärker, mal weniger polemisch angelegt. Mal schreibt Mrazek in der dritten Person über sich, mal tut er es als Ich-Erzähler … Aber stets bleibt er seiner politischen Linie treu: Er ist ein Kind der DDR und bekennt sich auch explizit dazu. Dieses Buch hat, sieht man einmal vom Vor- und vom Nachwort ab, 28 Kapital. Justament 28 Jahre stand die Mauer in Berlin, wo er studierte und etliche Berufsjahre verbrachte, ehe er an die Ostseeküste verzog. Mrazek reiht sich nicht ein in die Schar jener, die das Bauwerk verteufeln, er ist schließlich ein kluger Kopf und zu einem differenzierten Urteil fähig. So sind denn diese 28 Jahre nicht nur eine Zeitleiste fürs Erinnern, sondern mehr.

Johann Mrazek, Jahrgang 1939, geboren und aufgewachsen in Neustadt bei Teplitz, Abitur 1958 in Seehausen/Altmark, Geologiestudium an der Humboldt-Universität zu Berlin, 1970 Promotion und Assistenz an der HUB bis 1973, danach, bis 1980, tätig am Zentralen Geologischen Institut Berlin, Hauptabteilung Meeresgeologie in Reinkenhagen, Habilitation 1984 an der Universität Greifswald. 1985 Übernahme der ersten und einzigen Dozentur für Meeresgeologie in der DDR, 1992 Berufung zum Professor für Allgemeine Geologie und Quartärgeologie an der Ernst-Moritz-Arndt-Universität Greifswald, Emeritierung 2005 und Fortsetzung von Forschung und Lehre bis 2012. Mrazek publizierte hier seine Autobiografie »Zwischen Tiefsee und Hochgebirge« (2014) und »Als aus dem Norden der Nordosten wurde. Eine persönliche Abrechnung« (2020)

Johann Mrazek

Mauerbau und Mauerfall

Und 28 Geschichten dazwischen

verlag am park

Doktor Inge Käte Luise
in Dankbarkeit gewidmet
von Jan Josef

ISBN 978-3-89793-354-5

Satz: edition ost
Umschlaggestaltung: Unter Verwendung eines Fotos von Robert Allertz.
Das Bild von Gabriel Heimler »Der Mauerspringer« entstand 1990 an der East Side Gallery in der Berliner Mühlenstraße. Heimler ist ein 1964 in Paris geborener Künstler ungarischer Herkunft und lebt seit 1988 in Berlin

Druck und Bindung: Sowa Druk, Polen

17,00 Euro

Die Bücher des verlags am park und der edition ost werden von der Eulenspiegel Verlagsgruppe vertrieben

www.eulenspiegel.com

Inhalt

Präliminarien

Nennen wir ihn Jan Josef. So seine tschechische Geburtsurkunde, neben der deutschen, von 1939. Er hatte sein bewegtes Leben, teils parallel, teils aber quer, jedoch immer authentisch, noch unter anderem, dem deutschen Namen, auf fast vierhundert Seiten vor knapp zehn Jahren ausgebreitet. So über fünfundsiebzig Jahre – eingebettet zwischen Tiefsee und Hochgebirge – wird daraus und darin berichtet. Es liegt in der zweiten Hälfte des letzten Jahrhunderts und erfasste noch so etwa das erste Schock der Jahre des nachfolgenden Säkulums. Wobei Schock durchaus in doppeltem Sinne verstanden werden darf.

Diese Lebensspanne wurde anschließend geteilt. Über die dreißig Jahre nach dem Putsch berichtete Jan Josef, damals noch unter dem richtigen Namen und um einige wichtige Jahre erweitert. Es ging da um die gravierende Änderung von Himmelsrichtungen im Gefolge von für ihn schmerzenden politischen Entscheidungen. Gefochten wird darin nicht mit dem Florett, nein, mit dem Säbel. Soll heißen, es wird mit scharfer Klinge gegen die Art und Weise der Vereinigung, eigentlich korrekt Anschluss oder auch Beitritt, umgangssprachlich total daneben, Wiedervereinigung zweier gewachsener Staaten, geschrieben. Ebenso über die vorangegangene sogenannte »friedliche Revolution«, einer von westlicher Seite aufgebauschten und lautstarken Minderheitenbewegung. Und über die allgegenwärtigen Lügen, mit denen man seitens der »Sieger« diese Modalitäten, medial flächendeckend, über drei Dezennien geschickt zudeckt.

Hier, in beiden Büchern, wird unbewusst dem Credo eines dem Jan sehr verbundenen Künstlers gefolgt, aus persönlicher Bekanntschaft geboren, in einer Studentenkneipe nahe dem Greifswalder Dom nach einem dortigen Konzert, Anfang der 2000er Jahre. Gemeint ist der große Wecker, Konstantin. Der singt in »Das macht mir Mut«: »Und wenn es weh tut, dann musst du schrein.«

Es hat unsäglich geschmerzt, bis heute und daran orientierte sich die Wahl der sprachlichen Waffen.

Was fast keiner so richtig merken will oder kann, auch nicht die verständlicherweise verunsicherten Oberschlauen von den LINKEN, zu flächendeckend waren und sind die geschickt gezündeten Nebelkerzen. Die unisone Verteufelung, all dessen was DDR hieß, wird von ihnen toleriert, auch von ihrer über Jahrzehnte bekannten Frontfrau und Ikone mit iranischen Wurzeln. Das kann ich dieser klugen Frau nicht verzeihen. Ausgesprochen von einem Feministen, der attraktive Frauen erkennen kann und dieses auch aussprechen darf, da er jenseits von Gut und Böse ist. Ebenso der eloquente und allseits bekannte Jurist aus Berlin erkennt das nicht als schmerzendes Thema, nicht nur, aber insbesondere jener über 80. Sie hätten voran gehen müssen, massiv, um all diese flächendeckenden Lügen zu entlarven. Stattdessen buhlten sie um Regierungsbeteiligung.

Die Dummheit regiert, wie immer, immer noch. Das Wahlvolk hat es mal wieder nicht geschnallt. Dabei hat es – friedlich revolutionierend – diese ganze Schoße, dass die Kapitalisten nach vierzig Jahren neuerlich das Sagen haben und das Geld in den Lebensmittelpunkt, gemäß den Gesetzen des Kapitals gestellt wird, erst ermöglicht. Für den Josef nicht zu fassen, da ist er fast überfordert und erkrankt an der Seele. Und über den Zusammenhang zwischen der Entwertung alles und allem, was sich Ostdeutsch nennt und über vierzig Jahre gewachsen ist, dem Procedere dazu, und dem zeitgleichen Wachstum rechten Gedankenguts. Dabei ist die zwischenzeitliche AfD erst der (kleine) parlamentarische Beginn und der nicht unerwartet große außerparlamentarische Anhang. Der kommt nicht erst viel später, sondern sehr rasch.

Und wieder soll hier über den etwa gleichen Zeitraum von drei Jahrzehnten Dauer berichtet werden, an ihrem Anfang und am Ende zusammenfallend mit persönlichen Zäsuren im Leben von Jan Josef. Aber wie geschrieben stehen wird, mit gänzlich anderem Inhalt und zu gänzlich anderer Zeit, wenn auch unmittelbar zuvor gelegen. Aber durch eine tiefe Zäsur getrennt, wie sie tiefer kaum geht.

In 28 Geschichten, etwa die Jahre zwischen Errichtung und Abriss des antifaschistischen Schutzwalls, abgekürzt Antifawa, wird erzählt. So hieß er offiziell. Diese sind einzeln verständlich, hängen aber doch irgendwie zusammen. Nicht jede Geschichte entspricht exakt einem Jahr dazwischen. Da gibt es durchaus Überlappungen und Hiaten, ausgedehnt und eng begrenzt.

Und an ihrem Beginn, bis zur Hochzeit Mitte der Sechziger, hieß er offiziell tatsächlich so, der Jan Josef, zumindest nach einer der beiden Geburtsurkunden. Also eigentlich einer mit tschechischem Migrationshintergrund. Und eigentlich sogar zwei Mal, 1990 wurde Jan Josef wieder zum Ostdeutschen mit Migrationshintergrund im gemeinsamen Deutschland, ohne Ortswechsel. Und in beiden Fällen wurde er nicht gefragt. Die Wahlfarce im März 1990, Demokratiefolklore, noch dazu inszeniert, kann man vergessen.

Ernsthaft, heiter, kurzweilig, bitter, bisweilen hintergründig, auch etwas zynisch, nicht missionarisch, natürlich, leicht (?) links, immer objektiv, meistens autobiografisch und damit authentisch. Immer getragen vom ins Gestein gemeißelten Entwicklungsgedanken, dass Morgen, das Heute schon Gestern sein wird.

Aber hier sind die Akzente, in einer alten, gänzlich anderen Zeit gesetzt, so zwischen 1960 und 1990, bezogen auf die Lebensuhr zwischen Zwanzig und Fünfzig, wie nachfolgend zu lesen sein wird. Und an ihrem Ende steht ein eiskalter Putsch, mit zunehmendem Abstand zu ihm erst als solcher sukzessive erkennbar und folglich so bezeichnet. Von manchen, den meisten nie. Anfangs auch vom Autor nur nebulös, aber schon als Konterrevolution mehr gefühlt als richtig benannt.

Der betrachtete Zeitraum umfasst wieder etwa dreißig Jahre, also etwa eine Generation. Diese Aussage ist evident, um alle gesellschaftlichen Ereignisse historisch einzuordnen. Er ist markant gesplittet, nach den Orten der Ereignisse. Nicht ganz halbe, halbe geteilt, dreizehn Jahre in der Hauptstadt des Landes, also in der Großstadt Berlin, so knapp bis zur Mitte der siebziger Jahre des letzten Jahrhunderts, siebzehn Jahre danach bis zum Ende der achtziger Jahre in seinem Norden, der dann per Prikas von oben und vornehmlich aus westlicher Richtung sein Nordosten wurde, das heutige Vorpommern umfassend. Einem Landstrich mit Ostseeanschluss, zusammen mit Mecklenburg, in den Ausmaßen von knapp anderthalbtausend Küstenkilometern. Manche meinen dagegen tatsächlich von unten, mit revolutionierendem Anstoß. Sie müssen irgendeine, mit vielen Dioptrien undurchsichtig gefertigte Brille auf der Nase gehabt haben. Eine Trilogie soll damit dieses vielleicht ziemlich ungewöhnliche, als solches aber nicht empfundene Leben, oder doch, wiedergeben, mehr noch, punktuell abbilden.

1 Mauerbau – fast unbemerkt

Und dabei war der Jan stets, gemeint ist örtlich, ganz nah dran, zumindest nach der Lage der Studentenwohnungen. Zunächst prämauerzeitlich in der Wollankstraße in Pankow (das ist dort, wo nach westlichem, medial verbreitetem Verständnis die sogenannten Pankower Machthaber saßen) und von 1963 bis 1966 in der seit 1989 berühmten Bornholmer Straße im Prenzlauer Berg, postmauerzeitlich, wo Berlin am ostberlinischten war (heute, quasi über Nacht, westerobert, danach als solches nicht mehr erkennbar) also der Hauptstadt der Deutschen Demokratischen Republik, Berlin, vielleicht besser Ostberlin.

Aber nicht an diesem historischen Tag im August 1961. Ganz unspektakulär bei seinen alten Eltern in der Altmark, dem nördlichen Teil vom früheren (bis 1952) und späteren Land Sachsen-Anhalt (ab 1992). Oder aber auf einer erdwissenschaftlichen Exkursion in der kleinen, geologisch hochinteressanten DDR, auch wenn durch sie keine Erdplattengrenze ging. Aber andere Grenzen.

Da war er noch ein ganz junger Student, hatte aber bereits vier Semester seines Geologie-Studiums absolviert. Aber auch zwei Jahre zumeist ungehinderten, bisweilen kontrollierten Zugangs in den westlichen Teil der Stadt. Also nach Westberlin, ging es bisweilen, zumal er ganz grenznah zur Untermiete wohnte. Und es waren insgesamt vier Adressen an Wohnungen, alle eigentümlicherweise immer in Grenznähe zu Westberlin, zwei vor und zwei nach Errichtung des historischen Walls. Studentenheime, etwa in Biesdorf, nein, das wollte er nicht, zu eingeengt und studentische Wohngemeinschaften waren damals noch nicht angesagt. Untermiete, zumeist bei Witwen, deren Männer zuvor verstorben waren, stand in Berlin hoch im Kurs. Extrem billige Miete, so bei dreißig bis vierzig DDR-Mark pro Monat für ein Zimmer, bei Glück mit Innentoilette, häufig primitiv ausgestattet. Aber ziemlich autark für die zumeist jungen Mieter.

Zunächst im ersten Studienjahr im September 1959 war Josef in der Kopenhagener Straße untergekommen, also auch in diesem Stadtbezirk. Auf Vermittlung seines älteren Bruders, der knapp zehn Jahre zuvor dort zur Untermiete wohnte. Die Vermieterin betrieb in Westberlin einen Zeitungskiosk, von dem sie die Brüder damals, wie später, täglich mit *BILD* versorgte. Damit also war bei beiden frühzeitig für eine umfassende Bildung garantiert, neben der ostzonalen pseudowissenschaftlichen Ausbildung an der Humboldt-Universität zu Berlin, respektive nach dem Grundstudium in Eberswalde, wo die forstwissenschaftliche Fakultät damals, so Anfang der fünfziger Jahre, angesiedelt war. Diese Formulierung triff so etwa den Ton der von Westberlin ausgehenden systematischen Anti-DDR-Propaganda, etwa vom »Rundfunk im Amerikanischen Sender«, kurz *RIAS*, genannt.

Weit entfernt davon war Jan zu erfassen, dass dieser Tag auf viele Jahrzehnte danach – auch mit globaler Auswirkung – ein historischer sein wird. Noch Jahrzehnte später wusste man jedoch, an weit weg liegenden Erdteilen und Orten und in den Siebziegern, etwa in Dakar, der Hauptstadt Senegals in Westafrika, oder in den Neunzigern auf Fidschi in der Südsee, was die Berliner Mauer war, international als *Wall* bekannt. Auch Bayern München war ein Begriff, nicht aber kannte man die berühmten drei Buchstaben DDR, die für Deutsche Demokratische Republik standen, bestenfalls Ostdeutschland, schlimmstenfalls Ostzone oder gar russisch besetzte Zone. Viele Gedanken gibt es zu den

Mauerzeiten, von Jan Josef eigentlich nie als Einsperrung empfunden, mit fast drei Jahrzehnten Dauer, aus der Sicht von ihm auf dieses nicht gerade schöne, aber notwendige Bauwerk. Zunächst direkt mittendrin in Berlin, dann nach 1973 deutlich nördlich entfernt angesiedelt, dabei aber trotzdem irgendwie ganz nah, über fast zwanzig Jahre. Wo und warum wird in späteren Geschichten erzählt.

Jans Studienfreund Arnulf war ein lebenslustiger Bursche – einer von dem nur sieben Studenten umfassenden Studienjahr (pardon, aus heutiger beknackter Gendersicht, einer davon war eine Studentin), einem Orchideenfach also, was einige Jahre später nicht erkannt wurde, selten und erhaltenswert. Dieser Arnulf war dagegen entschieden näher an dem wahrlich historischen Geschehen dran als der Jan.

An jenem, eigentlich ganz normalem Sonntag in der ersten Hälfte des weitgehend sonnigen Augusts 1961, war er bei seinem Onkel in Westberlin. Der ließ ihn mal wieder mit seinem Mercedes auf der Avus fahren. Zurück nach Ostberlin wollte er auch an jenem Tag wieder, erwischte noch mitternächtlich im Sprint die letzte S-Bahn am Bahnhof Zoo zum Alex, wie ihm der Zugbegleiter hinterherrief. Der wusste also Bescheid.

Jan Josef nahm diese Zäsur nicht nur recht gelassen, er empfand sie als Erleichterung, keinesfalls als Einsperrung. Die Anreisen von der elterlichen Wohnung im Forsthaus – früher fuhr man vom Osten her über Stendal und Rathenow – von Staaken aus mit der S-Bahn durch Westberlin, waren zwar deutlich umständlicher und länger geworden. Schönfließ, im Norden Berlins, wurde zur Umsteigestation, Lichtenberg oder Schöneweide, zu Fernbahnhöfen sukzessive ausgebaut, waren die Ankunftsbahnhöfe, respektive umgekehrt.

Die Jahre der allgemeinen Verunsicherung durch die Flucht Hunderttausender in den Westen, getrieben durch interne Fehler und die vehemente Hetze des Westens, waren vorbei.

Stabilisierung trat ein. Seine Fahrten nach Westberlin, ohnehin selten, waren zwar nicht mehr möglich, aber sie waren nie zu Vorlesungen etwa an der TU Westberlin, genutzt worden. Schon gar nicht zur FU im Westteil der Stadt, die 1948 als Gegengewicht zur östlichen HU aus politischen Gründen etabliert worden war. Die im Westteil der Stadt ansässigen Professoren, etwa jene zur Mineralogie oder zur Paläontologie der Wirbellosen, die Herren Kleber und Groß, kamen an die berühmte Humboldt-Universität nach Ostberlin. Beide Vorlesungen waren, übrigens und nicht nur aus der Erinnerung heraus, qualitativ exzellent. Ebenso die Vorlesungen und Exkursionen zum Eiszeitalter von Prof. Solger. Die Fahrten zur Mensa am Nordbahnhof, es waren die Ruinenrelikte des zerstörten früheren Stettiner Bahnhofs, entfielen durch die Mauer zwar, damit aber auch die Kontrollen durch die Polizei. Als er täglich bis August 1961 von der S-Bahnstation Wollankstraße in Pankow dorthin fuhr, zwei Stationen, wo bisweilen das Zeigen des FDJ-Ausweises erforderlich war, um ungehindert weiterfahren zu können.

Stichwort Nordbahnhof: Dort gab es für Jan Josef über fünf Jahre und mehr ein hervorragendes und zudem spotbilliges Studentenessen. Vom Institut im Naturkunde-Museum in der Invalidenstraße, vorbei am damaligen Nobel-Hotel »Newa«, fußläufig rasch erreichbar. Neben den Studikern der naturwissenschaftlichen Fachrichtungen, so nannten wir uns bisweilen umgangssprachlich, aßen dort insbesondere die Mehrzahl der vielen Medizin-Studenten aus der unweit gelegenen Charitè. Dazu gehörte auch seine spätere Frau.

Eine lustige Anekdote ist mit dieser Mensa verbunden. Die langjährige Nutzung dieser Essensmöglichkeit führte zu zwanglosen, lockeren Gesprächen mit dem

Küchenpersonal hinter der Ausgabeklappe. Zur Erhöhung der Möglichkeit, einen kostenlosen Nachschlag zu erhalten, sangen wir bisweilen, etwa vor Weihnachten, einige Lieder, exklusiv für die Küchenfrauen. Wir waren da zu Dritt, genannter Arnulf, hatte eine gute, kräftige Stimme, ein Zweiter, unser Friedrich, genannt Conny, sang aktiv im Universitätschor und bei Jan gehörte das lauthalse Singen mit einer vollen Stimme von Kind auf zum Leben. Als danach im Gespräch der jahrelange Besuch zum Essen in der Nordbahnhof-Mensa von Jan genannt wurde, meinte eine der Küchenfrauen lakonisch (etwa wörtlich): »Da müssen Sie aber ziemlich doof sein, dass Sie so lange studiert haben.«

Diese Medizinstudenten regten den Jan, jeden Tag wieder neu, in der Mensa tüchtig auf, er ärgerte sich oftmals tierisch. Sie traten in Scharen auf und insbesondere drängten sie sich, immer an der Essensausgabe, vor. Einer oder eine aus dem Seminar stellte sich normal an und zwanzig aus dieser Sippe nutzten das einige Minuten später, um sich ebenfalls dort anzuschließen. Alle zahlreich dahinter Stehenden hatten das Nachsehen und mussten warten. Manchmal ziemlich lange. Die Mittagspausen zwischen den Vorlesungen oder Seminaren waren für alle gleich kurz. Lauthalse Proteste halfen zumeist nicht, ein bekannter erfolgreicher Gruppeneffekt der Masse gegenüber Singularitäten.

Diese Medizin-Typen hatten irgendwie das gleiche Aussehen. Grüne Kutten mit Heckschleppe und in der Hand Arzttaschen aus Leder mit zentralem Metallverschluss aus früheren Jahrzehnten, dazu überhebliche Blicke und insgesamt arrogantes Getue. Die jungen Frauen mit hochgesteckten Frisuren und auffälligem lautem Gehabe. Wie hatte der bieder denkende Jan Josef diese »Mediziner« genascht!

Jans Freundin, spätere Verlobte und jetzige Frau aus dem gleichen Milieu, sah das übrigens genauso. Sonst hätte das mit den beiden nicht über Jahrzehnte gepasst. Hier lernte Jan als späterer fundamentaler Ossi die Zuordnung von Gruppenmerkmalen zu bestimmten sozialen oder beruflichen Gemeinschaften. Sehr hilfreich war das Jahrzehnte später – nach der deutschdeutschen Sturzgeburt, um nicht immer Putsch zu verwenden – für die Einschätzung von Personen außerhalb seines Kollegenkreises hier im Osten. Die Körpersprache war zweifelsfrei eindeutig. Kleidung, Gangart, Haartracht, Gesichtsausdruck, da brauchte es nicht erst der Wahrnehmung, welche Mundart die Person sprach, ließen fast stets zutreffend die Unterscheidung westlicher oder östlicher Sozialisierung treffen. So erfand er als Beobachter den Terminus »Stangen-Wessi«, das war eine Person (männlich oder weiblich), die alle genannten Merkmale und noch mehr klischeehaft erfüllte. Problematisch wird es bei Beurteilung der Parameter adaptierter Ossis mit Körperhaltung und Mimik. Davon gibt es viele und das gilt zunehmend mehr bis heute.

Jan Josef hatte bereits bei diesen Mensaerlebnissen termingerecht nach zehn Semestern sein Studium mit dem Diplom beendet und war bereits im zweiten Jahr der Aspirantur zum Doktorat der Naturwissenschaften. Hier könnte man seitenlange Überlegungen zu den ausufernden heutigen Studienzeiten anschließen, die nicht zuletzt im jetzigen System der Ausbeutung, auch in der Bildung und ihren Wirkungen, wurzeln.

Nur so viel sei gesagt: Jan musste für sein Universitätsstudium in Berlin keine Mark bezahlen, im Gegenteil er bekam ein Stipendium, das natürlich nicht, wie heute, später zurückgezahlt werden musste. Da er der sozialen Herkunft nach nicht als Arbeiter- und Bauernkind galt, war es im Betrag etwas niedriger als bei Studenten aus dieser Schicht. Hier zeigte sich deutlich, nein, ziemlich human, kaum revolutionär, aber allemal historisch verständlich, die Diktatur des Proletariats.

Mit guten Studien- und Prüfungsleistungen und gesellschaftlicher Arbeit, das musste nicht immer in der FDJ sein, konnte man diesen Betrag – in der Mitte zwischen hundert und zweihundert Mark, in Berlin exakt bei hundertfünfundfünfzig – nun wieder unabhängig von der sozialen Einordnung, dreistufig bis um achtzig Mark erhöhen. Das gelang unserem Jan Josef mit Disziplin ohne große Anstrengungen über vier Jahre und er konnte damit bestens als Student leben.

Viel später dann, zu ganz freien westlichen Zeiten an der einzigen Universität im nordöstlichen Vorpommern, kamen die Studenten und Studentinnen erst nach zwölf, vierzehn, sechzehn oder noch mehr Semestern bei Jan Josef zu den Diplomprüfungen, später jenen zum Bachelor oder Master. Wieso nach so vielen Jahren? Sie bekamen ebenfalls ein Stipendium – *Bafög* in Kurzform geheißen –, das man aufnehmen konnte, wenn man mit der geforderten Rückzahlung einverstanden war. Wer diese freiheitliche Zwangsform ablehnte, musste seinen Lebensunterhalt durch Hilfsarbeiten neben dem Studium ermöglichen. Das waren Jobs (so nannte man abwertend Arbeit nach 1990), etwa Kellnern in Gaststätten, als Taxifahrer oder an einer der Kassen in den zahllosen uniformen Einkaufstempeln. Und deshalb war die Einhaltung der vorgegebenen sogenannten Regelstudienzeiten nicht möglich. Es sei denn, im elterlichen Hintergrund war ein gut bürgerliches Konto der Eltern oder des Lebenspartners, selten, vorhanden.

Bereits hier, also sehr früh im Leben eines jungen Studenten, begann die soziale Spaltung, die sich später im Leben in weit geöffnetem Winkel zeigt. Bis hin zur offenbar notwendigen Einrichtung von Professuren an Universitäten zur Armutsforschung. Eine Humboldt-Universität zu DDR-Zeiten hatte das nicht nötig.

Von all dem war unser Jan Josef damals in den frühen sechziger Jahren an der Ost-Universität in Berlin weit entfernt. Ein ausreichendes Stipendium, in Teilen durch Leistung selbst erweitert, war ein ganz normaler Zustand, wie selbstverständlich. Ging das etwa auch anders? Damals ohne Ahnung, diese Frage stellte sich einfach nicht.

Und noch etwas kam hinzu, weniger aus pekuniären Gründen, sondern aus Interesse am Gestein und Fossil als Studienobjekt. In das, dem Universitäts-Institut in der Invalidenstraße benachbart gelegenen staatlichen »Zentrales Geologische Institut« (ZGI), mit dem beachtlichen Personalbestand von etwa fünfhundert Mitarbeitern, diesem ZGI des Ostens, war die BGR (Bundesanstalt für Geowissenschaften und Rohstoffe) in Hannover adäquat, ging Jan stundenweise über etwa zwei Jahre Anfang der sechziger Jahre. Stets kontrolliert am Eingang, vorbei an den an beiden gusseisernen Löwen davor. Heute übrigens ist dort in diesem klassizistischen Bau nach dem Putsch 1989/90 ein Teil des Verkehrsministeriums der BRD untergebracht, der größere Teil blieb in Bonn (auch so ein Trick). Welch ein Traditionsbruch. Von einem Staat, der in den eigenen Reihen so auf Kontinuität nach dem Zusammenbruch Nazideutschlands nach 1945 setzte. In politischer Richtung und personell man sich auch als offenkundiger Nachfolgestaat zurecht sah. Keineswegs als antifaschistisch, wie man sich gezielt im östlichen Teil des besiegten Großdeutschland verstand.

Seit 1873 und bis 1939 war dort die Preußische Geologische Landesanstalt beheimatet. Und heute, in den 2010er Jahren, solche Größen als Minister wie Dobrindt und Scheuer von der bayerischen CSU. Eine Entwicklung, die mehr als nachdenklich macht.

Dieses große Institut hatte eine ebenso große Sammlung an Gesteinen, Mineralien und Fossilien. Und diese unterstand damals Dr. Vogel, einem promovierten Geologen alter Schule, und sollte nach den Kriegsschäden neu geordnet werden. Mit seinem Konsemester Conny war der Jan engagiert dabei, für eine Entlohnung von zwei Mark pro Stunde. Die dort gesammelten Erfahrungen sollten dem Jan Josef viele Jahrzehnte später bei der Katalogisierung seiner eigenen Mineralien- und Fossilien-Sammlung, zugute kommen. Als er, weit nach Erreichen von Ü 70, nach ebenso erfüllten wie turbulenten Berufs-, zumeist Universitätsjahren, irgendwo auch auf den Weltozeanen, endlich dafür Zeit fand.

Und was hat das alles aus Jans Sicht mit dem Buchtitel, der Mauer, ihrer Errichtung und ihrer Abtragung, zu tun? Sehr viel! Ihrem Bau, damit das so bleibt und ihrem Fall, damit es wider Willen so wird, wie im Westen Deutschlands. Ganz simpel.

2 Studentenleben – viel Theater

Die gesicherte finanzielle Situation ließ dem Josef viel Zeit und Raum zur Erweiterung des kulturellen Horizonts, wie ein Schwamm sog der Jan alles auf, was aus dieser Richtung kam bzw. er ging ihr aktiv entgegen. Neben dem intensiven Studium der komplizierten Erdgeschichte und den anfangs schwierigen Inhalten des Marxismus-Leninismus, im Grundstudium gefordert, wurde alles mit Gewinn gemeistert.

Zum Theater in Stendal hatte er von seiner Oberschule in Seehausen aus, beides in der Altmark, ein Abonnement, sein Interesse war geweckt. Ein Meter langes mit Ordnern besetztes Regal, das die Programme der jeweiligen Theater, Opern, Konzertsäle, Operetten und Kabaretts enthält, erinnern noch nach Jahrzehnten, an diese vielen herrlichen Stunden. Sie enden fast abrupt im Jahr 1973, einem Schicksalsjahr. Nicht zu einer ganz bestimmten Art der Kultur, dem Kabarett. Das konnte verlängert werden, bis 1990, dann war Schluss. Mit dem Theater und den Berlin-Reisen insgesamt.

Ein Desaster trat ein, mit dem Umzug von Berlin in den Bezirk Rostock, ganz in seinen Osten, aufs flache Land, aufs Dorf, wo es ländlicher kaum sein kann, Und trotzdem war es richtig. Zwar gab es in der Nähe liegende Städte – etwa Stralsund und Greifswald – auch Theater, aber Berliner Ansprüche? Nein, das ging gar nicht. Arrogant? Vielleicht. Passt aber nicht zum Jan.

»Brecht … soll froh sein, daß er tot ist, so traurig bin ich. Würde er heute noch leben, würde er sich das Leben nehmen. Das würde er nicht durchhalten, diese Überschwemmung des Kapitals, Brachialgewalt, Nötigungen, Kriminalität, Hurerei … Und ich auch nicht.«

Es sind die letzten Worte vom damals berühmten Wolf Kaiser, dem wohl besten Mackie Messer aus Brechts »Dreigroschenoper«, den es je gab. Sie stehen in einem Abschiedsbrief, bevor er 1992 in der Berliner Friedrichstraße aus dem Fenster sprang. Einer von zahllosen Suizidanten, die an der Rekapitalisierung eines Landes, das am Versuch, sozialistisch zu leben, also ohne Ausbeutung, gescheitert waren. Auch Jans knapp zehn Jahre älterer Bruder gehörte dazu. Viele von ihnen gehen auf das Konto des obersten Stasijägers Joachim Gauck, unverständlich oder auch nicht, später im zweiten Anlauf Bundespräsident dieses vom Westen her vereinigten Landes, der auf Nachfrage zur Quantität der Selbstmörder antwortete, darüber hätte er keine Statistik geführt. Na, toll, die Mauertoten hatte man einzeln gezählt und sie lagen gewiss weit darunter.

Dieser Wolf Kaiser war Mitglied des weltbekannten Berliner Ensembles und dieses wiederum war sehr häufig das Ziel von Jan. Vieles was in der DDR und darüber hinaus an Schauspielern Rang und Namen hatte, war auf dieser Bühne am Schiffbauerdamm, nahe dem Bahnhof Friedrichstraße, vereint. Helene Weigel, Ursula Karruseit, Stefan Lisewski, Ekkehard Schall, Hilmar Thate, Werner Dissel, Martin Flörchinger und viele andere glänzten in den Brecht-Stücken und Jan nahm das beim Zuschauen als selbstverständlich hin, dass es theatralisch und inhaltlich einmalige Weltklasse war, die ihm auf der Bühne geboten wurde, begriff er erst Jahre, ja, Jahrzehnte danach.

Das und noch einiges mehr erfuhr er an einem Abend im Juni 1962 exemplarisch im weltberühmten »Berliner Ensemble« am Schiffbauerdamm, in Berlin-Mitte. In der ersten Pause schnappte er einen kurzen Gesprächsfetzen auf dem Gang zwischen zwei männlichen Theatergästen auf, die da sagten »... aber Schauspieler haben die hier!« Das Wort »aber« zeigte, dass sie politisch und inhaltlich recht distanziert waren und »hier« signalisierte, dass sie nicht aus Ostberlin oder der DDR waren und die Theaterkunst anerkennen mussten. Aber natürlich haben wir hier beste Schauspieler, so richtig verstand das Jan nicht. Soll heißen, ihm war nicht bewusst, dass er hier Theaterkunst auf Weltniveau sehen konnte. Heute übrigens hätte Jan die beiden als Wessis erkannt.

An jenem Abend, auf dem Programm stand der »Der aufhaltsame Aufstieg des Arturo Ui«, so Anfang der sechziger Jahre, nein, genau der 2. Juni 1962, also knapp ein Jahr nach dem Mauerbau. Ekkehard Schall gab einen der größten Verbrecher der Menschheitsgeschichte, einen Deutsch-Österreicher, den Namen mag man nicht schreiben, in unglaublich überzeugender Darstellung. Aber und deshalb war der Jan so beeindruckt, nicht als solitärer Massenmörder, sondern als Exkrement einer faschistisch-kapitalistischen Gesellschaft. Eine Art schlimmster Ausgeburt.

Korrespondenzen vom Inhalt dieses hervorragenden Brecht-Stücks zur zuvor errichteten Mauer in Berlin ahnte er lediglich. Jedenfalls entdeckte Jan Josef in der ersten Reihe im Parkett zwei damalige Filmgrößen erster Güte aus Italien als Zuschauer. Es waren Sophia Loren und Vittorio De Sica, sie Ende Zwanzig, er so um die Sechzig. Dieses Genre war ihm zwar interessenseitig ziemlich fremd, aber die beiden kannte er. Jan hatte von seinem ziemlich vorderen Sitz aus beobachtet, dass sie aufmerksam und begeistert der Vorstellung folgten. In der zweiten Pause fasste sich Jan ein zögerliches Herz, was er bis dato noch nie und auch danach nie wieder getan hatte, er holte sich bei der geradezu betörend schönen Frau (so schien es ihm damals) mit ihren mandelförmigen dunklen Augen ein Autogramm auf dem Programmheft. Ohne es so richtig zu wissen, Jan war schon damals ein Verehrer schöner Personen weiblichen Geschlechts und darüber hinaus vornehmlich ein früh passionierter Feminist.

Der Besuch des »Berliner Ensembles« war einer von vielen in anderen Theatern in Ostberlin, etwa das »Deutsche Theater«, das »Maxim- Gorki-Theater«, die »Volksbühne«, dazu die »Deutsche Staatsoper«, die »Komische Oper« und die »Kammerspiele«. Nicht ungenannt darf in der Komischen Oper – weil nach 1990 weitgehend verschwiegen und vergessen – in den sechziger und siebziger Jahren die Inszenierung des großartigen österreichischen Intendanten und Regisseurs Walter Felsenstein von »Ritter Blaubart« bleiben. X-mal gesehen und ebenso oft pure Begeisterung. Den späteren westdeutschen Machthabern (Felsenstein war 1975 allzu früh verstorben) passte es gar nicht, dass ein deutschsprachiger Theatermann aus Österreich dem angeblichen Unrechtsregimes in seiner Hauptstadt, zu Weltruhm verhalf.

Wenn sich Jan die durchweg mit in die Programme eingeklammerten Eintrittskarten posterior anschaute, dann staunte er, welche gute Plätze er, ab 1963 dann zusammen mit seiner späteren Frau, Inge Käte Luise, besetzen konnte. Retrospektiv ist das ohne Verrenkungen verständlich erklärbar. Nicht an den Wochenenden, aber vom Montag bis Freitag, konnten Studenten wenige Minuten vor Vorstellungsbeginn in manchen Theatern, mit Vorlage des Studentenausweises (ein Studierendenausweis wurde vor über fünfzig Jahren nicht verlangt), bei Entrichtung einer Gebühr von einer DDR-Mark, die besten Plätze bei gefragtesten Stücken, die nicht verkauft waren, belegen. Ein hervorragender Modus, junge Leute für die Kultur zu gewinnen.

Das Kabarett »Die Distel« ist hervorzuheben. Hier hat Jan wohl kaum ein Programm seit 1960 versäumt. Auch zu Zeiten danach, als Jan mit seiner kleinen Familie so Mitte der siebziger Jahre freiwillig, aber kontemporär schweren Herzens, die Hauptstadt der Deutschen Demokratischen Republik verlassen hatte. Sobald er beruflich dort wieder war – und das war sehr häufig, zusammen mit den familiären Ausflügen an Wochenenden, wenn er nicht gerade für Wochen und Monate auf See oder im Ausland war, auch dem sogenannten NSW (steht für *Nichtsozialistischer Wirtschaftsgebiet*, umgangssprachlich nichtsozialistischer Westen) – waren Berlin-Besuche in der »Distel« festes Programm. Eintrittskarten waren ob der riesigen Nachfrage sehr schwer zu bekommen, an der Abendkasse gab es null Aussicht.

Damit war es dann aus bekannten Gründen 1990 vorbei. Alles hat dieser Putsch verändert. Auch für die »Distel« brachen – wie überall – die üblich freiheitlich-demokratisch unsicheren Zeiten an. Letztmalig betraten die beiden DDR-Bürger aus dem jetzigen Nordosten, nunmehr als Ossis, am 14. Februar 1990 das Kabarett »Die Distel« mit dem sinnbildlichen Programm »Wir handeln uns was ein« und ein Jahr später, am 8. Februar 1991, mit dem ebenso symbolischen Thema »Uns gab's nur einmal«. Dazwischen lag die Zäsur der endgültigen feindlichen Übernahme.

Letztmalig waren der Jan und seine zwischenzeitlich halbhundertjährige, frühere Verlobte dann am 10. Dezember 1994 beim Programm »Völker, hört die Signale«. Danach nie wieder, Signale gab es nicht mehr zu hören, die zeitgeschichtlichen Messen waren gelesen, das Wessi-Niveau, gemessen an den satirischen Inhalten, war uninteressant geworden. Die Gelddiktatur hatte, mindestens auf Jahrzehnte, gesiegt. Daddeldu also, im Verständnis von aus und vorbei, um abschließend an einen in den sechziger Jahren bekannten Kabarettisten von der Ostseeküste in der Distel, Heinz Draehn, oftmals dort gesehen, zu erinnern.

3 Studentenleben – eine Prüfung wird zur Klippe

Nein, nein, die Studentenzeiten zu DDR-Zeiten bestanden keineswegs – wie oftmals heute – aus Party und Shoppen (es gab ja nichts, meinen manche überlebende Ignoranten von damals unzutreffend heute). Theaterbesuche in verschiedenen Genres dienten tatsächlich der Erweiterung des kulturellen Horizonts, bei gleichzeitiger Entspannung für ein ernsthaftes Studium und Ostberlin bot dafür beste Voraussetzungen. Disziplin bei den obligatorischen Lehrveranstaltungen, also ihr regelmäßiger Besuch, waren bei Jan und seiner Inge oberste Priorität. Streber, mögen manche jetzt denken. Ja, vielleicht zutreffend. Nein andererseits, völlig aber so was von falsch, einfach nur logisches Denken.

Das Medizinstudium über sechs Jahre war ausgesprochen intellektuell anspruchsvoll, streng durchgetaktet und war mit vielen Zwischenprüfungen als Trennsiebe gespickt. Der hauptsächliche Scharfrichter am Ende der vorklinischen vier Semester, also zwei Jahre, war das Physikum. In ihnen war die Wissensvermittlung naturwissenschaftlich breit gestreut, ebenso ihre Kontrolle über sogenannte Testate, mit der Vergabe der begehrten Scheine über das Bestanden haben oder auch nicht. Physik, Chemie und Biologie als Basisfächer gehörten dazu. Hier wurde bereits die Spreu vom Weizen getrennt.

Jans Inge Käte Luise hatte die drei Kernfächer der Physikums-Prüfungen – Anatomie, Biochemie und Physiologie – geschafft. Aber damit war diese, bei Medizinstudenten und ihren quantitativ mindestens paritätischen weiblichen Vertretern, berechtigt gefürchtete Hürde noch nicht überwunden.

In Zeiten eines kleinen, aber feinen, antifaschistischen Staates über immerhin vierzig Jahre – die Gründung der DDR als erstmalig gänzlich andersartigem System auf deutschem Boden – lag erst knapp fünfzehn Jahre zurück, war es durchaus legitim, dass man von seiner künftigen intellektuellen Elite, die man kostenlos bildungsseitig förderte, theoretische Grundkenntnisse des Sozialismus und des Kapitalismus verlangte. Und die wurden abgekürzt als ML, Bestandteil des Physikums innerhalb des Studiums der Humanmedizin, natürlich in allen Fächern und an allen Universitäten.

Jan Josef hatte das bereits geschafft. Er hat sich ziemlich hineinknien müssen. Nach der Erinnerung saß er immer samstags bis mittags über vier lange Semester im Hauptgebäude in der Gewi-Bibliothek des Hauptgebäudes in der Straße »Unter den Linden«, direkt über dem Eingang und studierte intensiv die vorgegebene und erweiterte Literatur, auch die Vorläufer, etwa Hegel und Kant. Hatte man ihn durchschritten fiel hoch parterre sofort der Marx-Lehrsatz ins Auge: »Die Philosophen haben die Welt nur verschieden interpretiert, es kommt aber darauf an, sie zu verändern.« Unbewusst wurde er, insbesondere der zweite Satzteil, für ihn zum Credo.

Viele sahen damals den gesellschaftlichen-politischen Teil eines Universitätsstudiums als kommunistische Indoktrinierung und Propaganda, man darf erfolgreich raten, von welcher Seite das gebetsmühlenartig eingestrahlt wurde. Südlich der später als Ostberliner Prachtboulevard bekannten Leipziger Straße, unmittelbar an der Mauer, saßen in einem weit in den Osten sichtbaren Hochhaus die Urheber und Multiplikatoren dieser Hetze und Lügen. Die riesige Leuchtzeile war weithin sichtbar. Und sie sitzen noch heute da. Noch sicherer nach 1990 als zuvor und feiern sich als vermeintliche Sieger der deutschen Geschichte. Und sie feiern und feuern aus den gleichen Rohren wie zu Zeiten des sogenannten Kalten Krieges, sechzig Jahre später immer noch und noch mehr.

Und unsere Protagonisten saßen im Hinterhof ihrer primitiven Wohnung in der Stolpischen Straße, einer nahen Parallelstraße zur viele Jahre danach berühmt-berüchtigten Bornholmer Straße, immer noch im Prenzlauer Berg und immer noch grenznah. Eigentlich, so versuchte es der Jan seiner Inge zu suggerieren, waren sie ja die eigentlichen Sieger der Geschichte. Dachten sie, besonders er. Und ausgerechnet einem theoretischen Teil des Marxismus-Leninismus – der Politischen Ökonomie, der viel mit Marx und Lenin zu tun hatte – war seine Inge nicht gewachsen. Zweimal. Aus die Maus mit dem Medizinstudium, für ein ganzes Jahr. Dann konnte es einen dritten Versuch geben, mit unsicherem Ausgang.

Das musste erst einmal begriffen und verdaut werden. Alle gemeinsamen Pläne für die Zukunft waren ins Wanken geraten. Als Bibliothekshilfskraft im Institut für Geschichte der Medizin sollte dieses Interregnums - Jahr überbrückt werden, heute hieße das eventuell Sabbatjahr, mit zwischen geschalteten Konsultationen zu diesem ML-Fach. Nach knapp einem Jahr war es dann im Juli endlich soweit, im dritten Anlauf wurde diese Hürde überspringen, sogar mit der Note »Gut«. Im September konnte Jans zwischenzeitliche Ehefrau ihr Medizinstudium mit dem fünften Semester fortsetzen.

Zuvor war im August noch geheiratet worden, ganz bescheiden, im engsten Kreis und ohne Musik auf dem Standesamt, was möglich gewesen wäre, in Jans Oberschulstadt in Seehausen in der Altmark. Es schloss aber eine unvergessliche Reise ins tschechische Riesengebirge nach Spindleruv Mlyn an. Damals wurde soweit nicht vorausgedacht, aber aus heutiger Retrospektive wurde dieser Ehebund für beide zum Marathonlauf, was die Dauer angeht, nicht die sportliche Qual.

Etwa fünfunddreißig Jahre später, nachdem die westlichen Kreuzritter ostwärts eingeritten waren, die dubiosen hiesigen sogenannten Bürgerrechtler hatten zuvor fleißig den Boden dafür bereitet, ist dieses für Käte Luise und Josef so schlimme Jahr, nein, nicht der Hochzeit, unerwartet auferstanden. Auch im neuen Bundesland mit der nördlich anschließenden Ostsee waren die Akteure und Claqueure, wie anderswo auch, aus dem Kirchenmilieu gekommen. Das stieß beiden bitter auf, bis heute. Die östlichen Verlierer im Systemwettkampf wurden von dafür geschaffenen Einrichtungen »aufgearbeitet«. In Richtung Zu- oder Mitarbeit für den Staatssicherheitsdienst und Unterstützung für die SED-Diktatur. Den diesbezüglich als Dissidenten, bewusst oder auch ungewollt, anerkannten Widerstandskämpfern winkte eine sogenannte Opferrente.

Gewiss, diese Studienunterbrechung über ein ganzes Jahr war retrospektiv ein verlorenes. Aber beide dachten nicht im Entferntesten daran, hier Ansprüche nachträglich geltend zu machen. Das wäre Wasser auf die Mühlen der neuen Machthaber gewesen. Im durch die Sturzgeburt vergrößerten westlichen »Mutterland« wäre genügend Anlass gegeben, diese »Aufarbeiter-Vereine« auch dort zu etablieren. Welch ein Gedanke! Zu dieser Ansicht gelangten Gauck, Eppelmann und Co und wie sie alle hießen, natürlich nicht. Unstrittig ist, dass es in der DDR Unrecht gab. Man sollte aber nicht lauthals fordern und institutionell einrichten, wenn man vor der eigenen Haustür genügend, über Jahrzehnte angehäuften, von Beginn an vorhandenen faschistischen Müll zum Wegkehren hatte. Und dem inzwischen der Altersliga Ü 80 angehörigen Jan, keineswegs erinnerungsmüde und immer noch scharfsinnig, fällt da über diese acht Jahrzehnte ganz viel ein.

Und noch etwas trug dazu bei, die Inanspruchnahme dieser pekuniären Zuwendung für das vertane

Jahr weit von sich zu weisen. Auch nicht annähernd ernsthaft damit gedanklich zu befassen. Das deckt sich mit seiner konsequenten Haltung, die Möglichkeit nach 1990 in Gaucks Stasiunterlagen Einsicht zu nehmen. Die Nutzung dieser westdeutsch geschaffenen, antiostdeutsch gerichteten Institutionen, bis heute bestehend, wäre in beiden Fällen eine Akzeptanz der westdeutschen Sieger und ihrer Methoden im Systemkampf gewesen, ihrer Lügengebäude und Hetzparolen. Und noch etwas: Aus Jans Sicht waren diese Maßnahmen geeignet, die bis heute wirken, bei der inhaltlichen Zusammenführung beider Teile Deutschlands echte Hürden aufzubauen und diese Vereinheitlichung hinauszuzögern. Mit dem Resultat einer eklatanten Rechtsentwicklung.

Jan war als überzeugtes Mitglied dieser angeklagten Staatspartei, auch als ehrenamtlicher Funktionsträger auf unterer Ebene, über lange Jahre nach der feindlichen Übernahme, damit beschäftigt – es ging bis nahe ans Zerfleischen – die Ursachen für dieses weltanschauliche und zuvorderst soziale Desaster, die er als Jahrhundertniederlage und Sieg für die Ausbeuter ansah, zu ergründen. Auch und insbesondere auf der Suche nach den eigenen Anteilen des Versagens. Seine fachliche Arbeit hatte er zurückgestellt, um für das hohe Ziel einer gerechten ausbeutungsfreien Gesellschaft zu arbeiten und ihr zu dienen. Hört sich hochgestochen an, war aber letztlich so. Das Beste gewollt und das Schlechteste erreicht.

Der durchaus umstrittene große Dramatiker Peter Hacks – Jan hat noch seinen »Frieden« im Deutschen Theater in Berlin im Hinterkopf, auch deshalb, weil er seinen parteilosen Institutsdirektor, Prof. Kautzsch, dort unvermittelt traf – half dabei mit weisen Worten. »Diesem Land ist weggenommen worden ein schlechter Sozialismus und gegeben worden ein schlechter Kapitalismus … Die Leute müssen noch lernen, dass der schlechteste Sozialismus immer noch besser ist als der beste Kapitalismus.« Hier fand der Jan geistigen Halt, ähnlich wie ihm Einsteins Aussage zur Dummheit der Menschen in Bezug zur Unendlichkeit in depressiven Jahren geholfen hatte. Zu Zeiten, als das Gros der DDR-Bürger, wie besoffen und mit intellektueller Erosion, dem selbsternannten Oberlandschaftsgärtner hinterherlief.

Dieses eine Jahr Mitte der sechziger des letzten Jahrhunderts im Leben von Jans Lebenspartnerin sollte hiermit retrospektiv ehrlich und echt aufgearbeitet werden. Ein Jahr in kurzer insgesamter Lebensspanne kann unendlich lang sein.

4 Studentenleben – viele Prüfungen

Das genetisch determinierte Vermögen eines nahezu fotografischen Gedächtnisses hatte Jan über all die vielen Jahre bei den unterschiedlichsten Prüfungen begleitet. Hatte er Sachverhalte gelesen, so waren sie auch bei mündlichen und schriftlichen Prüfungen weitgehend abrufbar. Das war bereits bei den fünf mündlichen Abiturprüfungen Ende der Fünfziger transparent geworden. War ein Themenkomplex überhaupt nicht optisch gescannt worden, wurde es deutlich enger. Dann musste logischer Sachverstand helfen. Zumeist tat er das.

Das war auch Jahre später – als er bereits Nachwuchswissenschaftler war – eigentlich noch stärker der Fall. Aus Vorträgen von Kollegen bei Tagungen und Kongressen nahm er weniger mit, als wenn Jan in den Postersitzungen diese in aller Ruhe studieren konnte. Heißt aber kontemporär nicht, dass er zu Studentenzeiten Vorlesungen nur sporadisch oder gar nicht besuchte. Im Gegenteil, ihr Besuch war unausgesprochene Pflicht. Selbst eine stinklangweilige Lehrveranstaltung, noch dazu an Sonnabenden und über die Dauer von vier Stunden von 8 bis 12 Uhr im Hörsaal in der Invalidenstraße 43 – dem Sitz des Geologischen Instituts der HU Berlin, im Naturkundemuseum – sah ihn, trotz unglaublich monotoner Stimme, aufmerksam zuhören. Irgendetwas nimmst du immer mit, war seine Devise. Angesprochen ist hier die »Geotektonik«-Vorlesung eines Honorarprofessors, Heinrich Kölbel, aus dem unmittelbar benachbarten staatlichen Zentralen Geologischen Institut.

1964, dem Diplomjahr, waren vier wichtige mündliche Prüfungen zu absolvieren. Eine davon im Fach »Mineralogie«, Jans Lieblingsfach, wovon auch seine über ein Leben lang zusammen getragene Mineralien-Sammlung zeugt. Erst im vierten Leben – nach dem Emeritierungsjahr 2005, danach als freier Senior-Professor bis 2012, nach sieben Jahren überfälligen Ausstiegs aus Lehre und Forschung an der Universität Greifswald – kam er dazu, diese endgültig zu ordnen, restliche Stufen zu bestimmen, zu fotografieren und zu katalogisieren. Sie umfasst nahezu eintausend Exponate, teils aus seinen zahlreichen Forschungsreisen auf den Weltozeanen und aus fernen Ländern und Kontinenten stammend, aber auch mit viel Lokalkolorit aus Ostdeutschland. Nach intensivem Aufwand und zahlreichen Fehlversuchen gelang es dem Jan Josef, den Verbleib dieses kleinen »Lebenswerkes« nach Ultimo sehr zufriedenstellend, außerhalb der leider nicht interessierten Töchter, zu organisieren. Besser konnte das Ergebnis trotzdem nicht sein.

Diese Vorliebe zur Kristallographie und Mineralogie war seinem nicht per Studium erworbenen Wissen, sondern einfach der mitgebrachten Freude an klaren Längen, Flächen und Kanten, ihren akuraten Winkeln, ihrer Farbenvielfalt und deren Nuancen, einfach ihrer Schönheit geschuldet. Hier bestehen durchaus kongruente Affinitäten zu attraktiven Frauen, ihren Besonderheiten, ja, Unikalitäten. Und eine davon wer lebenslang an seiner Seite.

Nun, jene Mineralogie-Diplomprüfung fand an einem extrem heißen Julitag im weltbekannten Museum für Naturkunde statt, in dem auch das Mineralogische Institut seinen Sitz hatte. Das Arbeitszimmer des Prüfers, Dr. Jochen Bautsch, zehn Jahre älter als der Prüfling, war ein Dachzimmer im Obergeschoss. Es war entsprechend aufgeheizt und der allseits unter uns Studenten beliebte Oberassistent vom ehrwürdigen Prof. Kleber, saß hinter seinem Schreibtisch, mit hochgekrempelten Hosenbeinen und den Füßen in einer

Schüssel mit kaltem Wasser. Und Jan? Kam – wie damals generell Usus – in edlem Zwirn zu dieser so wichtigen Prüfung. Soll heißen mit dunklem Anzug, Oberhemd mit Krawatte und schwarzen Schuhen. Obwohl er eine abschließende Frage nicht so ganz richtig beantworten konnte – aus der Erinnerung irgendetwas zur Struktur der Serpentin-Mineralgruppe, dass die parallelen Fasern hohl waren – konnte er mit dem Ergebnis mehr als zufrieden sein.

Andere damalige Prüfungsgeschichten sollen angeschlossen werden, außerhalb der Geowissenschaften. Da ist jene aus der Biologie. Wenn sie nicht wahr wäre, so müsste man sie erfinden, so originell war sie. Prof. Tembrock, ein Zoologe, Mitglied der Leopoldina und das sagt eigentlich alles, unter anderem mit DDR-seitigen und internationalen Meriten weithin bekannt als Verhaltensforscher und Vogelkundler sowie Dauergast beim Fernsehen der DDR mit dem Titel »Das Professorenkollegium tagt«, ist der Protagonist. Ein Diplomand war zur Abschlussprüfung bei ihm und er fand auf dem Tisch, hinter dem der Professor saß, fünf Greifvögel zur Bestimmung aufgereiht. Mit einer Besonderheit, sie waren abgedeckt, nur die Ständer, also die Vogelfüße, waren sichtbar. An ihnen sollte der angehende Diplom-Biologe die Vogelarten erkennen und unterscheiden. Der junge Mann scheiterte, einen konnte er bestimmen, einen Mäusebussard, alle anderen Bestimmungen lagen daneben.

Er verließ verärgert fluchtartig die Prüfung und das Zimmer und Prof. Tembrock rief ihm fragend und etwas irritiert hinterher, er brauche für das Protokoll und die Terminierung der Nachprüfung noch seinem Namen. Zwischen Rahmen und halb geschlossener Tür, er schon draußen, zeigte ihm der Diplomand seinen rechten gehobenen Fuß mit der Bemerkung: »Bestimmen Sie mal.«

Nachfolgende Prüfungssituationen sind verbürgt, liegen im medizinischen Bereich und haben sich tatsächlich so ereignet. Im Jahrgang von Jans Frau am Ende des Vorphysikums tatsächlich so passiert. Gruppenprüfungen waren damals – gezwungenermaßen – die Regel, ansonsten wäre die Masse der Medizinstudentinnen und Medizinstudenten nicht durch die Prüfungen gebracht worden. Ihr Jahrgang war der letzte, noch vor dem Mauerbau immatrikuliert, der den Schwund durch Republikflucht infolge gezielter Abwerbung oder auch ohne, also durch das Hochschulministerium der DDR eingeplant, kompensieren sollte. Sie war eine von siebenhundert wissbegierigen jungen Leuten in ihrem Studienjahr, heute undenkbar.

Die Anatomie-Prüfung innerhalb des Physikums war angesagt, zu viert bekam man die Prüfungstermine. Der junge Anatomie-Professor W. stellte unter anderem zwei weiblichen und zwei männlichen Studenten eine Frage nach der Funktion des Epithels. Speziell der Struktur des Epithels in der Vagina, dem äußeren Ende des Geburtskanals. Platten- oder Flimmerepithel?

Alle vier machten verlegene Gesichter, drucksten herum, zuckten mit den Schultern und mussten schließlich passen. Da auch weitere Fragen nicht so ganz richtig oder gar nicht beantwortet worden waren, wertete der Anatomie-Professor die Prüfung als nicht bestanden und verabschiedete die vier Studenten mit der etwas süffisanten Frage: »Meine jungen eventuellen Kolleginnen und Kollegen, kann auf einer viel befahrenen Straße Gras wachsen?«

Angespielt wurde damit auf den Bau der obersten Zellschicht des menschlichen Haut- und Schleimhautgewebes. Mit feinsten Wimpern das Flimmerepithel, ohne sie das ebene Plattenepithel. Weiter soll auf anatomische Details nicht ein-, sondern zu einer weiteren Prüfungs-Anekdote übergegangen werden.

In den klinischen Semestern nach dem Physikum gehörte zum Pflichtprogramm die Vorlesung »Gerichtsmedizin«. Ein ausgesprochen interessantes Fach und an der Humboldt-Universität zu Zeiten von Kätes Studienjahren von dem berühmten Prof. Otto Prokop vertreten. Die Fliege am Hemdkragen war sein obligatorisches Markenzeichen. Ein charismatischer, wissenschaftlich ungemein produktiver Österreicher, zudem ein vehementer Gegner von Okkultismus und Paramedizin. Geradezu eine Instanz, ebenso aber ein Original.

Bei den Studenten, mehr wohl noch bei den Studentinnen, war er ungemein beliebt. Unsere Inge versuchte oftmals ihren Jan mit in die Vorlesung zu nehmen, es gelang ihr fast nie. Oder sollte es nicht gelingen? Jan hatte eine vielleicht angeborene, aber auch aus eigener Erfahrung im Kindesalter erworbene, ausgeprägte Scheu, ja Angst, zu allem, was irgendwie mit Medizin, Eingriffen an seinem Körper, der panischen Angst vor Schmerzen, den personifizierten weißen Kitteln, zu tun haben könnte. Eine Eigenart, die ihn ein ganzes langes Leben belastend begleitete und es ihm ungemein erschwerte.

Willentlich, oftmals versucht, konnte er sich nicht daraus befreien. Besonders bei Zahnärzten und ihren weiblichen Pendants, mit einer späten Ausnahme in Vorpommern, war es besonders ausgeprägt. Als er in späteren Lebensjahren Krankheiten, auch lebensbedrohlichen, partout nicht ausweichen konnte, versuchte Jan es mit einer Art Duldungsstarre.

Aber das Leben mit einer Medizinerin und später zwei Töchtern in gleicher Richtung? Kein Problem, im Gegenteil, bestens.

Zurück zur Prokop-Prüfungs-Pointe. Auch hier waren es, ob der hohen Studentenanzahl, wieder Gruppenprüfungen. Die vier Delinquenten betraten schüchtern das Heiligtum des Prüfers und sahen ihn rücklings auf seinem Arbeitstisch reglos liegen. Drei von ihnen liefen erschrocken aus dem Raum der vierte, eine couragierte Studentin, trat an den Tisch, fühlte ihm den Puls, leuchtete ihm mit einer kleinen Prüflampe, die in einer daneben liegenden Schale lag, den Pupillenreflex beider Augen und trat zurück. Prokop öffnete diese, beendete seine Scheintotstellung durch Aufrichten und gratulierte der Studentin mit strahlendem Gesicht zur bestandenen Staatsexamensprüfung. Die anderen drei mussten wiederholen.

Geradezu beschämend benahmen sich viele Jahre später, etwa fünfunddreißig, nach dem Anschluss des kleinen ostdeutschen Staates, die neuen Machthaber ihm gegenüber. Er war trotz seiner wissenschaftlichen Reputation zahlreichen Anfeindungen ausgesetzt. Wie könne er, noch dazu als Österreicher, ein kommunistisches Regime (was es nach eigenem Anspruch nie war!) derartig unterstützen und seine Auszeichnungen entgegennehmen! Die hat er tatsächlich mehrfach, genommen aus dem Ordensregal ganz oben, für seine hervorragenden wissenschaftlichen Leistungen erhalten. Gewiss auch für seine fachlich brillianten treffsicheren Beurteilungen bei gerichtsmedizinisch und staatpolitisch brisanten Fällen. Heute hieße das gewiss stattdessen »rechtsmedizinisch«, geschuldet dem stets in der Westneuzeit vorgetragenen Anspruch ein Rechtsstaat zu sein. Manche Staats- und Völkerrechtler sehen das entschieden anders. Etwa Dr. Wolff, der Verteidiger von Erich Honecker, anfangs der neunziger Jahren in dem ungeheuerlichen und auch eigentlich für die Wessis peinlichen Prozess gegen ihn.

Zum Zeitpunkt des Putsches 1989/90 war Prokop bereits jenseits der Emeritierungsgrenze, so dass ihn diese Anschuldigungen wohl nicht mehr arbeitsseitig getroffen haben, ehrenseitig aber gewiss tief. Vor den westdeutsch initiierten und bürgerrechtlich selbsternannten Universitätserneuerern wäre er gegebenenfalls wegen fachlicher Unfähigkeit entlassen worden. Übertrieben? Nein. Als Beispiel sei der international renommierte Prof. Klinkmann genannt, auch ein bestens ausgewiesener Mediziner der Universität Rostock und letzter Präsident der Akademie der Wissenschaften der DDR.

Ja, so etwas gab es nachweislich damals und heute immer noch.

5 Rote Akzente in den Jahren

Ein rotes Lied war ihm auf dem Kamm des Osterzgebirges in der ersten Hälfte des vergangenen Jahrhunderts an der Wiege bei seiner Hausgeburt gewiss nicht gesungen worden. Nach der Umsiedlung 1946, nein, Flüchtlinge waren seine Eltern nicht, wuchs er in der Altmark in einer Försterfamilie gut behütet auf. Zumal er als ihr drittes Kind durch seine beiden älteren Geschwister, mit sechs und fast zehnjährigem Abstand, besonders liebevolle Aufmerksamkeit genoss.

In der Grundschule in einem kleinen Dorf, nein, noch abgelegener in einem einsamen Forsthaus, in der Altmark aufgewachsen, im heutigen Sachsen-Anhalt, war er selbstverständlich in der Pionierorganisation. Er war sogar 1953 als bester Pionier des damaligen Kreises Seehausen zum fünfjährigen Jubiläum der Pionierorganisation nach Berlin delegiert worden. Da hatte ihm der erste Präsident der Deutschen Demokratischen Republik, Wilhelm Pieck, in der Festveranstaltung seine kleine Hand geschüttelt. Da war er wenige Tage vorher gerade vierzehn Jahre alt geworden. Das prägt.

Ebenso prägend für den kleinen Jan war in seiner Dorfschule – Klasse 1 bis 4 am Vormittag, 5 bis 8 am Nachmittag, stets in einem Raum – die Übertragung der Bibliotheks-Funktion durch die Lehrer, die Herren Saalmann und Möbes, der relativ umfangreichen Schulbibliothek. Dort begann für ihn das fast manische Lesen, das Verschlingen nahezu aller verfügbaren Bücher. Auch darüber hinaus hatte er fast alle 64 Bände der Karl-May-Bücher verschlungen, nie eines hat er selbst besessen, aber alle gelesen, alles geborgt. Jedes Buch wurde seit 1954 fein säuberlich mit Titel und Verfasser notiert, bis heute, weit über tausend. Wobei angemerkt werden muss, mit zunehmendem Alter wurden es stets weniger, die zahlreichen Fachbücher per se nicht mitgezählt.

Die anschließende Oberschulzeit sah ihn gesellschaftlich nicht sonderlich aktiv, wie (fast) alle war er lediglich Mitglied der Gesellschaft für Deutsch-Sowjetische Freundschaft (DSF) und ebenso nur Mitglied der Freien Deutschen Jugend (FDJ). Auch im Schulfriedensrat war er ohne Funktion dabei. Vor allem viel Natur, Sport, Gesang, Volkstanz und etwas auch das weibliche Geschlecht hatten Vorrang. Eine weit zurückreichende und über Jahre dauerhafte Schülerliebe gab es bei Jan nicht. Der Schulstoff fiel dem Jan weitgehend zu. Erst in der Abiturklasse gab er ziemlich Gas. Diese Jugend-Organisation FDJ übrigens, erkennbar an den blauen Hemden und Blusen, ist bis heute im vorgeblich so freiheitlich-demokratischen Deutschland verboten.

Noch etwas ist nicht zu verschweigen. Das katholische Elternhaus führte unseren Jan mit zehn Jahren zur Erst-Kommunion und mit vierzehn zur Firmung. Kurze Zeit zu Grundschulzeiten war er auch Messdiener bei Gottesdiensten in den Kirchen der nahegelegenen Dörfer Losse und Lindenberg, was er ob der unangenehmen, vorgeschriebenen Verkleidung in besonders negativer Erinnerung hat. Irgendwas mit Rot-Weiß musste er sich immer umhängen lassen und irgendwie war es abstoßend. Damals natürlich kein Wort zu den heutigen Aufdeckungen der widerlichen sexuell-kriminellen Praktiken einzelner Pfaffen, aber offenbar auch ziemlich vieler und in ihrer katholischen Kirche. Aber auch wohl bei den Evangelen.

Soll es bei uns im Osten und auch in Mecklenburg-Vorpommern gegeben haben, aber mit der Zerschlagung funktionierender ländlicher Strukturen, mit den LPG und Volksgütern im Mittelpunkt und der Reaktivierung von Guts- und Herrenhäusern sowie Kirchen hatten die neuen – meist westlichen - Machthaber und ihre östlichen Vasallen – nicht nachvollziehbare Prioritäten gesetzt. Verbrechen der Kirchen, nein, das kann es nicht gegeben haben. Bei den Kommunisten natürlich zuhauf, ja, aber nicht bei den wiedereinrichtenden westlichen Herren, die nur partiell mal aus dem Osten kamen. Hierher gehört auch die wundersame Wandlung, nein, nicht von Wasser zu Wein, sondern von FDGB-Kurorten zu Kaiserbädern auf Usedom. Diese Geschichtsvergessenheit ist unserem Jan, von Kindes Beinen an ein Philanthrop, ein besonderer Dorn im Auge.

Diese Ablehnung von Anzugsvorgaben war bei Jan offenbar frühzeitig angelegt und haben ihn ein Leben lang begleitet. Er hatte hierzu seinen ganz eigenen Kopf, kurzlebige Modetrends mitzumachen war nicht sein Ding, lehnte er entschieden ab, ebenso vornehmlich uniforme Bekleidung, etwa die bis heute allseits beliebten Jeans. Umso moderner und modebewusst sollte später seine Frau gekleidet sein und sie war es.

Vieles änderte sich grundsätzlich, aber nur allmählich in aktiverer Beteiligung am gesellschaftlichen Leben und brüsker Abkehr vom Katholizismus, mit dem Beginn der Studentenzeit ab 1959 in Berlin. Dieses Umdenken hatte viele unterschiedliche Quellen und Wurzeln. Und damit sind wir endlich im eigentlich betrachteten Zeitraum nach dem Mauerbau.

Grundlage aller gesellschaftlichen Aktivitäten war der angeborene, fast pathologische Gerechtigkeitssinn. Die gespaltene Großstadt Berlin, ob mit oder ohne Mauer, bot dafür reichlich Anschauungsmaterial. Die theoretische Basis für eine gerechtere Welt holte er sich bei der bereits genannten umfangreichen ML-Literatur. Das fiel ihm gar nicht so leicht.

Zwei einjährige Wahlperioden war er gewählter studentischer FDJ-Sekretär beider Institute, viel vergebliche Arbeit, viele Monatsberichte, kaum Erfolge. Vielleicht mit der Einführung studentischer wissenschaftlicher Kolloquien. Bei agitatorischen Gesprächen, etwa zur Teilnahme an den Demonstrationen zum 1. Mai durch die studentische Jugend, konnte er lediglich Teilerfolge erzielen und dabei wiederum nur mit den eigenen guten Prüfungsleistungen indirekt punkten.

Nicht unerwähnt sollte der mehr unbewusste Einfluss seines deutlich älteren Bruders Fritz bleiben, der nördlich Berlin in Borgsdorf, mit der S-Bahn erreichbar, eine Revierförsterstelle innehatte. So manche weltanschaulichen Gespräche sind in Erinnerung, wobei zu beobachten war, dass bei ihm der Prozess der Abkehr vom katholischen Glauben ein viel langsamerer war als beim Jan. Eigentlich nie so richtig. Erst im Abschiedsbrief vor seinem furchtbaren Freitod, da war er zweiundsiebzig, so kurz nach der Jahrtausendwende, bekennt Fritz dem Jan und seiner Käte, dass er nicht mehr an Gott glaube. Der Putsch 1989/90 war der Hintergrund zu diesem ebenso verzweifelten wie mutigen Schritt. Also ein echtes Wendeopfer, wie man es in seinem persönlichen Umfeld benannte. Dieses schlimme Wort »Wende« hat er nie anerkannt und verwendet, es war und ist ihm zu unzutreffend, zu neutral. Sehr verspätete Grüße von Pastor und späteren Bundespräsidenten Joachim Gauck, ob seiner Umtriebigkeit bisweilen als Gauckler bezeichnet.

Bei Fritz war damals in den sechziger Jahren der Wandel zu einer sozialistischen Richtung insbesondere begleitet von seiner stark ausgeprägten sozial-fürsorglichen Veranlagung für andere, bei Zurückstellung eigener Interessen.

Er wiederum wurde stark beeinflusst, der Name tauchte immer wieder respektvoll in Gesprächen auf, auch in späteren Jahren, von einem Prof. Rudolf Rüffler. Jan hat ihn lediglich einmal in Borgsdorf als charismatischen

Menschen kennengelernt, er war Direktor des Instituts für Forstwissenschaften in Eberswalde (IFE), der Nachfolgeeinrichtung der bis 1963 bestehenden Forstwissenschaftlichen Fakultät der Humboldt-Universität Berlin. An ihr hatte Bruder Fritz so Mitte der fünfziger Jahre glänzend diplomiert.

Eine weitere relevante Komponente zu Jans Entwicklung ist anzuführen. Der große Blonde aus der Danziger Straße – unter dieser Beschreibung suchte ihn in den dreißiger Jahren die Gestapo in Berlin. Jan hatte ihn nicht gesucht, aber per Zufall ist er ihm in den personengebunden entscheidenden Sechzigern begegnet. Die Rede ist von Benno Dyvel und seiner Frau Ella. In der Bornholmer Straße 77, wohnten sie, als Jan für drei Jahre im vierten Stock des Vorderhauses in einem schlichten Studentenzimmer mehr hauste als wohnte, aber mit Innentoilette. Es kam zu vielen Gesprächen, bei Kaffee-Einladungen oder bei einer Weihnachtsfeier der Hausgemeinschaft im Keller. So etwas heute Exotisches gab es damals. Und Käte Luise spielte zur Freude der beiden und aller Anwesenden Akkordeon, was sie trotz fehlender Übung, sehr gut beherrschte. Dyvels selbst hatten keine Kinder, vielleicht waren sie uns damals jungen Leuten besonders zugetan.

Als Mitglied der KPD, auch der Widerstandsgruppe Uhrig, hatte er Mitte der sechziger Jahre, da war er Ende fünfzig, ein wahrlich kampferfülltes Leben für ein gerechtes Miteinander und gegen den deutschen bestialischen Faschismus hinter sich. Strafbataillon, Todesurteil, Flucht und immer wieder die Jahre 1929 bis 1932. Da war Bernhard, wie er eigentlich hieß, einer der Personenschützer von Ernst Thälmann auf seinen zahllosen Veranstaltungen der KPD in ganz Deutschland. Heute würde man ihn Bodyguard nennen. Das Gesicht von kantigem Aussehen, vitaler Gestik und mit ausgeprägter Berliner Mundart war er ein robuster Arbeiter, auch neugierig darauf, was junge Studenten in einem endlich sozialistischen Staat so wollen und leisten. Medizin, gut, das verstand er ohne Erklärung, aber mit Jans Richtung konnte er nicht viel anfangen, da sah er keinen wirtschaftlichen Bezug. Erst als zur Erläuterung von Geologie die Worte Kohle, Erze und insbesondere Erdöl fielen, da nickte er zustimmend. Für ihn und Ella war der 7. Oktober 1949, der Gründungstag unserer Republik, nach ihrer eigenen Aussage, der glücklichste Tag in ihrem kampfreichen und aufopferungsvollen Leben.

Dieser einfache, ehrliche und selbstlose Berliner Arbeiter hatte den Jan mit seinen unaufdringlichen Erzählungen aus dem antifaschistischen Widerstand tief beeindruckt und mehr unbewusst als erkannt, sein linkes Denken in den Anfängen befördert.

Gefühlte fünfzig Jahre später, es waren aber nur etwa dreißig, kam 1994 aus Berlin eine Trauerkarte in den Nordosten, von Ella. Benno war verstorben, er hatte ein hohes Alter erreicht, beendet nach dem schlimmen Jahr 1990. Der Jan und seine Käte empfanden doppelte Trauer, dass unser Benno das noch erleben musste. Es muss für ihn entsetzlich gewesen sein. Die Natur ist erbarmungslos.

Der entscheidende Schritt kam dann bald. Eines Tages wurde Jan in diesen prägenden, aber ebenso aufnahmefähigen Jahren vom jungen Direktor des neu gegründeten Paläontologischen Instituts, Prof. Daber, er so Mitte dreißig, angesprochen. Ausgründung nach Wessiart aus dem größeren Geologischen Institut würde man diesen Schritt heute benennen. Sie sollten Mitglied der Staatspartei werden, wir brauchen solch engagierte und fachlich gute Studenten, sprach er Jan an. Diese Anerkennung, verbunden mit einem gewidmeten Buch von einem der ganz Großen seines Fachs, Prof. Serge von Bubnoff, der in Berlin und Greifswald forschte und lehrte. Das gefiel dem Jan natürlich. Er glaubte zu Recht, dass mittendrin dabei zu sein, die besten Möglichkeiten bot, mit kritischem Blick positive Veränderungen in Richtung Aufbau einer gerechteren Welt zu bewirken.

Quasi symbolisch für diese weitreichende Entscheidung – bis zum 15. Januar 1990 reichend – pflanzte Jan rechts vor dem Naturkunde-Museum, es muss im Frühjahr 1963 oder 1964 gewesen sein, an der Seite von Prof. Daber, einem Paläobotaniker, einen etwa ein Meter hohen Mammutbaum. Über fünfzig Jahre später – es war das Jahr 2018 – war unser Jan zu einer Buchlesung nach Berlin eingeladen. Diese Gelegenheit benutzte er, um nach alten Spuren zu suchen, auch in der Invalidenstraße. Keine vierhundert Meter entfernt, war er 1967 zu Fuß aus Westberlin zurückgekehrt, spazierte durch die verschachtelten massiven Grenzanlagen dieser Straße. Er kam von der britischen Botschaft, mit einem Visum zu einer internationalen Tagung in Großbritannien in der Tasche. Doch das ist eine ganz andere Geschichte.

Zunächst eine unerwartete Enttäuschung, die beiden prächtigen Blutbuchen von dem Naturkunde-Museum, rechts und links des Zugangs, ein bekanntes Wahrzeichen aus Studentenzeiten, waren abgeholzt worden. Aber der Mammutbaum stand noch, rechts vor dem Eingang. Über all die Jahre mit einem kräftigen Stamm, hatte er eine geschätzte Höhe von etwa zwanzig Metern erreicht. Es war April und er begann an den bereits ausladenden Ästen zu grünen.

Die angeführte Symbolik ist nach sechzig Jahren für den Jan, mit Zwischenetappen nach retrospektiver Perspektive, bitter und gründlich danebengegangen.

6 Rassismus im Elternhaus ?

Natürlich nicht in klassischem Sinne. Begegnungen mit ihm, dem Rassismus, gab es in Jans Staat für ihn ausgeprägt kaum. Bei seinen Forschungsreisen in den siebziger Jahren und privat in den 2000er, jeweils in Afrika, aber sehr direkt und anschaulich.

Es muss kurz nach dem Bau der Mauer gewesen sein, da vergrößerte sich Jans kleines Studienjahr um einen Studenten, nachdem kurz zuvor, noch im Sommer 1961, einer von ihnen über Berlin-West entwestet war. Er war gelernter Forstfacharbeiter, hatte über die ABF die Hochschulreife erlangt und war pikanterweise zudem Genosse. Na, das passt ja, Dankbarkeit sieht anders aus. Nein, das sind die Gedanken von heute, damals lediglich Kenntnisnahme und vergessen. Einer von zahllosen anderen.

Kurz danach stieß, unabhängig davon, ein neuer Student zu Jans Studienjahr. Er war tiefschwarz, hieß Oumar N'Diaye, stammte aus dem afrikanischen Mali und soll – so wurde berichtet – zuvor in Paris die Sorbonne besucht haben. Ein schlaksiger junger Mann, so Ende Zwanzig, immer lächelnd und freundlich. Keine große fachliche Leuchte, an Sport interessiert, stets bemüht, Gesprächspartner zu finden, sein Deutsch reichte zur Verständigung, mein Französisch, tendierend gegen Null, natürlich nicht. Nahezu jeden Satz, auch im späteren Briefwechsel, begann er mit dem französischen Didon, was auch immer das heißt.

Jan kam mit ihm bestens aus. Unter den Studenten, auch derer anderer Jahrgänge, war er als Exot akzeptiert, es gab keinerlei Mobbing, damals überhaupt ein Fremdwort. Lediglich die Tatsache, dass er mühelos nach Westberlin mit der S- oder U-Bahn fahren konnte und über

DM, also Westgeld, aus damalig gängiger Sicht so benannt und französische Franc verfügte, stieß manchem Mitstudenten sauer auf und war auch – so die Erinnerung – auf einer FDJ-Versammlung heftig thematisiert worden. Jan sah dabei nicht sonderlich gut aus. Rassistische Anfeindungen gar gab es deswegen nicht.

Jan hatte die naheliegende Idee, Oumar zu sich nach Hause, ins Forsthaus in der Altmark einzuladen. Seine Eltern waren nicht nur nicht begeistert, sie lehnten es entgeistert ab. Nein, das geht ja gar nicht, Junge, das kannst du uns nicht antun. Was sollen die Nachbarn denken? Die es kaum gab. Da führte auch mit Überzeugungsargumenten kein Weg rein.

Seine Eltern waren noch im vorherigen Jahrhundert geboren, also vor 1900, hatten die Aussiedlung 1946 aus dem Sudentenland mit vielen seelischen Narben überlebt, da hatten sie die Mitte ihres Lebens schon überschritten, waren also im heutigen Verständnis Migranten und wollten das mit viel Mühe neu gewonnenen Umfeld von einem Schwarzen, etwas Unbekanntem, nicht gestört wissen. Jan hatte dafür irgendwie Verständnis, ohne zu ahnen, geschweige denn zu wissen, dass dieses Verhalten damals unentdeckter, aber vorhandener, als solcher nicht erkannter, auch nicht negativ empfundener Alltagsrassismus war. Dem Vorkriegsweltbild verhaftet.

Ein anderes Beispiel, auch rückwärtsgewandtes, soll angeführt werden. Zum Ausbildungsprogramm der Geologie-Studenten der HU Berlin gehörten Exkursionen in die Mittelgebirge und an die Ostseeküste der DDR. Die Greifswalder Hochschullehrer waren in dieser Beziehung ihren Berliner Kollegen weit voraus. Dafür hatte die für Berlin negativ ausgegangene 3. Hochschulreform 1967/68 gesorgt. Sie hatten für ihre Studenten später – so in den siebziger Jahren, vor Jans

Zugehörigkeit dort – sehr gute Beziehungen zu den mittelasiatischen Sowjetrepubliken aufgebaut, die sie in Exkursionen dorthin, etwa in den Kaukasus, regelmäßig umsetzten. Die geringe Studentenzahl zuvor – übrigens ein Sargnagel von mehreren für die Liquidierung der Geologie an der HU Berlin - gestattete eine Zusammenlegung von zwei Studienjahren bei Exkursionen, mit universitätseigenen Bussen, was sich später im neuen, aufs Auge gedrückten Gesellschaftssystem, grundsätzlich änderte. Da hatten die Studiker das alles selbst zu bezahlen und für die Transportfahrzeuge, sprich eigene Autos, zu sorgen.

Nun kommt Jan endlich dorthin, wohin er eigentlich wollte. Man war mit Oumar auf Exkursion im Thüringer Wald und bei solchen ist es Usus, längere Strecken zu Fuß, quer durch den Wald oder über die Felder bis zum nächsten Aufschluss, also dort, wo man das Gestein, etwa durch Vegetation, unbedeckt sehen kann, zurückzulegen. Bei Georgenthal, unweit von Gotha am Rennsteig – es ging es um vulkanische Gesteine und Sedimente, älter als 250 Millionen Jahre – trat diese junge Truppe von etwa 20 Studenten, in Geländekleidung, mit Oumar in ihrer Mitte, aus dem Wald auf eine Wiese. Dort wurde geheut und eine ältere Bäuerin rief beim Anblick des auffallenden dunkelhäutigen Oumar, erstaunt, gegebenenfalls auch entsetzt, möglicherweise aber erfreut: »Die Amerikaner sind wieder da«. Da wurden wohl die Erinnerungen und Gedanken an das Ende des Zweiten Weltkrieges wieder präsent.

Jans Oumar aus der Republik Mali, einer früheren Kolonie Frankreichs, hatte von all dem kaum etwas, wohl mehr nichts, mitbekommen. Eines Tages war er fort, keiner fragte mehr nach ihm, als wenn es ihn in unserer kleinen geologischen Studentenschaft nie gegeben hätte. Alle fünf Studienjahre zusammengerechnet, waren es so Mitte der sechziger Jahre immerhin etwas über fünfzig bis sechzig Studiker (um nicht Studierende zu schreiben).

Es kamen noch bis 1974 sporadisch Luftpost-Briefe aus Bamako, der Hauptstadt seines Heimatlandes. Diese Briefe hat der Jan Josef bei der Ordnung seines Nachlasses gefunden und archiviert. Oumar schrieb von Arbeiten im Erdölsektor für den Texaco-Welterdölkonzern in Mali, ein Direktor war er dort, dann von Einsätzen zur Diamantenerkundung in britischem Auftrag, in Ghana und Guinea. Manche ehemalige Mitstudenten wollten gehört haben, er sei in seinem Heimatland Minister geworden. Eher unwahrscheinlich, Jan hatte dafür keine Belege. Wenigstens war er auf dem Gebiet tätig, das er dereinst in Ostberlin an der Humboldt-Universität während einiger Semester studiert hatte.

Das änderte sich dann grundlegend einige Dezennien später, auch für ostdeutsche Studenten, die nicht mehr ostdeutsch waren. Hauptsache irgendein Hochschulabschluss in irgendeinem Fach, dann konnte man vieles machen, Hauptsache Spaß haben, Shoppen gehen und natürlich Taxifahrer werden.

7 Hautnahe Bekanntschaft mit Kolonialismus

Jahre später, wir schreiben das Jahr 1976, hatte unser Jan dann aber echte, anschauliche Grundberührungen mit dem Kolonialismus und Rassismus. Dieser Begriff aus der Seefahrt passt zu seinen Erlebnissen während der Expeditionen auf den Weltmeeren. Und wieder war es eine ehemals französische Kolonie.

Er kam von einer Forschungsfahrt mit dem FS »Alexander von Humboldt« aus dem südlichen Nordatlantik nach Senegal im westlichen Afrika. Dieses Land hatte sechzehn Jahre zuvor, wie auch Mali zur gleichen Zeit, seine staatliche Unabhängigkeit erreicht. Die Wissenschaftler-Crew hatte über mehrere Wochen den Meeresboden in großen Wassertiefen, bis sechstatsuend Meter und mehr, nach den damals schon international begehrten Manganknollen, auch Tiefsee-Trüffel genannt, untersucht und einiges andere mehr. Die Kapverdischen Inseln hatten sie passiert und liefen in Vorfreude auf einen endlichen Landgang, Dakar an, direkt am Atlantik gelegen.

Eines der Ziele während des Landausflugs der damalig etwa Halbmillionenstadt Dakar, heute verdoppelt und mehr, war die vor ihr in den Küstengewässern liegenden Insel Goree. Die Sklaveninsel schlechthin. Diese musste Jan sich natürlich ansehen. Nur 3 km entfernt war sie mit einer Personenfähre erreichbar. Nach der fußläufigen Erkundung des hektischen und lauten Zentrums von Dakar traf man hier auf der kleinen Insel auf Ruhe und »koloniale Beschaulichkeit«, zudem war sie für Autos gesperrt.

Nach einem Besuch des Meeresmuseums ging er zum Ende des 18. Jahrhundert gebauten Sklavenhaus. Damals, 1976, schon als Museum ausgebaut, zwei Jahre nach Jans Besuch wurde Goree zum UNESCO-Weltkulturerbe erklärt. Berühmte Besucher waren danach Barack Obama und die Ikone des Anti-Rassismus, Nelson Mandela, der Präsident Südafrikas.

Im Museum selbst wurde eindringlich auf Tafeln mehrsprachig über die westafrikanische Kolonialgeschichte berichtet. In der Erinnerung verhaftet sind fensterlose Räumen mit Lehmwänden, in denen Sklaven monatelang angekettet eingekerkert waren, ein langer, finsterer Gang, an dessen Ende man auf den offenen Atlantik blicken konnte. Aber nicht in die Freiheit, sondern auf die Sklavenschiffe. Genannt als »Tor ohne Wiederkehr« (porte sans retour). Nach Schätzungen sollen zwanzig Millionen Menschen von verschiedenen Häfen Westafrikas nach Nord- und Südamerika sowie in die Karibik – genau dort, u. a. auf den Inseln Martinique, Barbados und Trinidad, war unser Jan ihren Nachfahren erst vor wenigen Wochen begegnet – verschleppt worden sein. Viele davon über Goree. Neuere Forschungszahlen sprechen »lediglich« von fünfhundert Sklaven pro Jahr, die von Goree aus in Schiffsbäuchen quer über den Atlantik transportiert wurden. Egal wie viele und von wo, die Sklaverei, als furchtbares Symbol des Kolonialismus, war – und ist es in der modernen Form immer noch – ein unglaubliches Verbrechen gegen die Menschlichkeit. Jan war in seiner philanthropischen Seele tief verwundet.

Am späten Abend dieses Tages wurde die »Humboldt« aus dem Hafen Dakar ausklariert, ein Lotsenboot führte das DDR-Forschungsschiff über den flach abfallenden Schelf hinaus und Jan Josef sah von der achtern ausladenden Steuerbordnock aus die Sklaveninsel allmählich in der Dämmerung versinken. Lange nicht, eigentlich nie, war sie aber aus seinem Gedächtnis verschwunden.

8 Wieder in Afrika – Kolonialismus und Rassismus

Als er zwei Jahre später wieder auf dem afrikanischen Kontinent war, dieses Mal ohne Forschungsschiff, erlebte Jan Josef, auf eine andere Art, sehr hautnah, was Rassismus heißt. Es war ganz im Süden dieses Riesenkontinents, im Land Mozambique.

Fünfhundert lange Jahre litt es unter der Knute einer europäischen Kolonialmacht, dem vergleichsweise kleinen Portugal, mit all seinen schrecklichen Phänomenen. Und ausgerechnet nur kurze Zeit nach der Befreiung 1975, man sah nur zwei Jahre danach noch allenthalben die Narben der Knebelung, war Jan für einige Wochen dort. Die Befreiungsfront FRELIMO führte dieses aus europäischer Sicht exotische Land auf einen prosozialistischen Weg. Weitgehende Unterstützung kam aus der UdSSR und, damals bereits, aus China. Aber auch aus der kleinen DDR. Eine zwölfköpfige Expertengruppe reiste im Auftrag des Ministeriums für Geologie zu einer Rohstoffsondierungsreise – so die offizielle Bezeichnung – ins ferne Mozambique. Es waren Spezialisten der geologischen Prospektion, also Erkundung und Fachexperten für die Aufbereitung der jeweiligen Rohstoffe, einer von ihnen war Jan Josef.

Dieses Land war etwa sieben Mal so groß wie die DDR und reich an Rohstoffen. Diese wiederum waren und sind ungemein breit in ihrer stofflichen Vielfalt. Diesen verschiedenen Lagerstättengruppen gemäß teilte sich die Forschergruppe in zwei Abteilungen. Jan gehörte zu jener, aus drei Personen bestehend, die die Erzsande am Strand zum Indischen Ozean, in der Nähe der Mündung des großen afrikanischen Flusses Sambesi, erkunden sollte. Diese sind ungemein wertvoll, heute noch mehr als damals, da sie einige Elemente der sog. Seltenen Erden besitzen, etwa Cer, ein chemisches Element im Schwermineral Monazit. Diese abgekürzt als SE bezeichneten, wurden erst in den letzten Jahren so eminent wichtig, da sie für moderne Schlüsseltechnologien – Mobiltelefone, Laptops, E-Autos, Plasmabildschirme etc. – eine hochkarätige Relevanz besitzen.

Die anstrengenden Feldarbeiten unter den heißen, sehr belastenden klimatischen Bedingungen hier auf der Südhalbkugel, waren beendet, da wartete auf die drei Forscher eine weitere, nicht weniger schwierige Aufgabe. Aber schwierig und stark belastend in gänzlich unerwarteter Weise.

Und nun kommt Jan Josef zur eigentlichen rassistischen Begebenheit.

Die Mission hieß Prospektion goldführender Quarzite, von Gesteinen, die dieses Edelmetall punktuell in winzigen Einschlüssen führen. Gelegen in der Provinz Manica ganz im Westen des Landes, an der Grenze zum heutigen Simbabwe. Auf dem Weg dorthin – zunächst siebenhundert Kilometern Inlandflug und dann zweihundert Kilometer mit einem Geländewagen auf einer der wenigen Allwetterstraßen – geriet die kleine Gruppe an die Grenzen eines brutalen Bürgerkrieges. Vermutlich waren es Angriffe der RENAMO, einer antikommunistischen Widerstandsgruppe, ursprünglich kurz zuvor in Rhodesien gegründet, damals von den USA und dem noch nicht von der Apartheid freien Südafrika unterstützt.

Wir waren ohne Dolmetscher unterwegs, so genau konnte Jan die Zusammenhänge nicht überblicken. In der Provinz Zambesia zuvor an der Küste des Indiks hatten sie einen Portugiesen dabei, der nach der Revolution im Land geblieben war und als Bergbauingenieur mit dem Status eines Vertragsarbeiters das neue Mozambique aufzubauen half. Über Englisch ging das recht gut. Hier, ohne ihn, mussten wir uns die Lage aus der portugiesischsprachigen Zeitungen und unseren geringen Kenntnissen in dieser romanischen Sprache selbst einigermaßen real zusammenbasteln.

Nach über vierzig Jahren ist die RENAMO, inzwischen als erzkonservative Partei im Parlament in Maputo vertreten, immer noch aktiv, auf ihr Konto gehen, so ist nachzulesen, zehntausende Opfer, aber eben nur mehrheitlich Schwarze. Aber keiner weiß das so genau, eine Statistik gibt es wohl nicht. Wie bei Gauck nach 1990. Rassismus gibt es bis heute im Süden Afrikas.

Der kleine Prospektionstrupp bestand aus Ausländern, und diese wurden durch die FRELIMO aus den blutigen Kämpfen herausgehalten. Sie war für seine persönliche Sicherheit verantwortlich und brachte ihn im Gästehaus der Distrikt-Regierung, in deren Hauptstadt Chimoio, für eine knappe Woche, unter. Von dort aus gingen die drei morgens und abends zum Essen unter militärischer Schutzbewachung, in ein Motel, zu dem eine frühere Windmühle umgebaut war. Ihr Betreiber, ein im Land gebliebener Portugiese, begrüßte sie beim ersten Anblick fast euphorisch mit den Worten: »Sie sind sehr willkommen, woher ihr auch kommt und was ihr auch seid, Kapitalisten, gar Kommunisten, Sozialisten, Russen, Amis oder sonst was, ist mir egal. Für mich ist entscheidend: Ihr seid Weiße.«

Jan begriff diese speziellen freundlichen Empfangsworte nicht sofort, nach wenigen Minuten aber umso tiefer. Das ungemein laute kollektive Gezirpe von Myriaden an Zikaden in den großen Schirmakazien vor der Mühle ist ihm beim Verlassen der Mühle an diesem Tag in deutlicher Erinnerung.

Überhaupt Erinnerung. Geht das eigentlich nach fast einem halben Jahrhundert, solche Details noch zu memorieren? Aus einer anderen Welt, aus einer anderen Zeit? Doch, mühelos, vermutlich seinem von der Natur, mit der immer sehr eng verbunden war, dem angeborenen fotografischen Gedächtnis, wenn es das überhaupt gibt, geschuldet. Offenbar ist die Erinnerungsfähigkeit mit ihr gepaart.

Nach etwa fünf Tagen war dieses schreckliche Bürgerkriegsereignis – Spuk wäre, besonders damals, eine Verniedlichung gewesen – vorbei und Jan Josef konnte mit seinen Kollegen die Reise über etwa noch sechzig Kilometer bis nach Manica, dem Zielort, unmittelbar an der Grenze zu Simbabwe gelegen, fortsetzen. Es waren dabei zahlreiche Kontrollen zu queren, an einer wurde unser Jan wieder sehr direkt an die lange, bis in die jüngste Vergangenheit reichende Kolonialzeit dieses afrikanischen Landes erinnert. Mehrere bewaffnete Soldaten als Kontrollposten der FPLM, der Volksbefreiungsstreitkräfte, visitierten die kleine Gruppe. Ein etwas Älterer, wohl der Vorgesetzte, »las« scheinbar intensiv die fünfseitigen Papiere, die mit vielen Stempeln versehen waren. Sie waren dem Prospektionstrupp zur Sicherheit mitgegeben worden, ausgestellt vom Zentralinstitut für Geologie und Bergbau in Maputo. Aber, er las alle Seiten in umgekehrter Haltung der Dokumente, die Zeilen standen auf dem Kopf. Soll heißen, er war Analphabet, konnte gar nicht lesen. Ein Schock, auch für die Sicherheit der kleinen Forschergruppe. Ein probates Mittel aller Kolonialherren, gewissermaßen das langfristige Herzstück, die einheimische Bevölkerung ungebildet und dumm zu lassen, dann konnte man sie besser beherrschen.

Die grenznahe Erkundung der goldführenden Gesteine konnte dann in Begleitung von zwei ganz jungen bewaffneten FPLM-Kämpfern durchgeführt werden. Nicht ganz ungefährlich, aber seine Kollegen, damals Dr. Hetzer, später Honorarprofessor in Greifswald, Dr. Nöldeke, und Jan hatten wahrscheinlich Glück.

Diesem Dr. Nöldeke, ein introvertierter, fachlich ausgesprochen kompetenter Kollege, ist Jan dann in der westlichen Neuzeit Anfang der neunziger Jahre unerwartet begegnet. Nur begegnet, im Foyer vor dem Beginn des Programms im bereits genannten Kabarett »Distel« in Berlin, aber nicht erkannt. In Begleitung wohl seiner Frau ging er mit starren glasigen Augen an ihm vorbei, vorher gab es vermeintlichen Blickkontakt. Wie das? Er und Jan hatten sich bestens verstanden, wenn auch viel Jahre dazwischen lagen. Wenig später, bei Jan gab es blankes Entsetzen, noch während der Vorstellung, fiel ihm ein, dass Dr. Nöldeke Anfang der siebziger Jahre als DDR-Geologe, auch in Sachen Rohstoffe, in Vietnam war. Eine Spätfolge des verbrecherischen US-amerikanischen Einsatzes des dioxinhaltigen Entlaubungsmittel Agent Orange, einem Herbizid, mit jahrzehntelangen Spätfolgen für den Menschen, auch für seine Augen? Sofort kamen dem Jan gedankliche Verbindungen zwischen den früheren Kolonien Mozambique in Afrika und Vietnam in Asien. Möglicherweise war es so.

9 Erleben von Kolonialismus in westlicher Neuzeit

Ausnahmsweise sei hier ein persönliches Erlebnis zum Thema koloniale Hinterlassenschaft und koloniales Denken anschließend wiedergegeben, das nach 1990 stattfand. Also nicht zwischen den gewählten Zeiten der Mauer, von 1961 bis 1989, sondern weit danach, im Jahre 2008. Nach und außerhalb der Bestandszeit des historischen, von vielen zutiefst gehassten Bauwerks zwischen den zwei Deutschlands. Jan Josef hatte es als notwendig erachtet, unabhängig davon, dass die Mauer für ihn bisweilen nicht galt.

Namibia, südlich das Äquators, war das Traumziel einer Individualreise, noch zu Zeiten, in denen altersgemäß die körperliche Konstitutionen des Jan und seiner Lebensbegleiterin, es ohne Probleme ermöglichten. Es sollte eine unglaublich eindrucksvolle Reise werden.

Eine frühere Geografie-Studentin – Frau Christin nannte Jan Josef sie – war maßgeblich beteiligt. Das war so seine individuelle Art, männliche und weibliche Studenten und Studentinnen mit dem Vornamen und in der Sie-Form anzusprechen, generell und besonders solche, die ihm sympathisch waren. Was zunächst etwas stutzig machte, dann aber wurde diese Marotte durchgehend akzeptiert. Die Anrede Fräulein gab es bei Jan nie.

Nach ihrem Diplom-Abschluss – ihren späteren Ehemann hatte sie in einem der Seminare zur »Bestimmung gesteinsbildender Minerale« von Jan kennengelernt – war sie in einem Reisebüro in Windhoek, Namibias Hauptstadt, tätig. Sie organisierte eine Traumreise durch dieses beeindruckende Land südlich des Äquators und übernahm mit einem kleinen Reisebus auch selbst die Leitung. Selbstfahrer am Lenkrad, zielsicher, hilfsbereit, den Gästen die besten Übernachtungsmöglichkeiten überlassend und selbst downgraded nächtigen. Was bisweilen durchaus für Jan und seine Käte Luise, als sie es recht spät merkten, ziemlich peinlich war.

Übernachtungsorte waren mehrheitlich einsame Lodgen, keine Städte. Diese primär als Hütten für Naturtouristen gedachten Schlafstätten waren mehrheitlich komfortable, ja, fast luxuriöse Flachgebäude in Mehrfachanordnung. Sie tauchten unvermittelt in der kargen, vegetationsarmen Landschaft, etwa der Kalahari, nach langen Fahrten auf staubigen Allwetterstraßen mit wenig Beschilderung, plötzlich und endlich, quasi aus dem Nichts, auf. Etwa Sossusvlei, Gocheganas oder die Toshiba Lodge in Reichweite weniger Stunden zur berühmten Etosha Pfanne mit den Großsäugern.

Mit einer Ausnahme, Swakopmund, gelegen am Atlantik. Eine Stadt, die als die deutscheste in Namibia gilt. Wie das?

Die beiden hatten sich natürlich, wie immer bei den vielen dienstlichen und privaten Auslandsreisen über etwa fünfzig Jahre, zuvor durch die zugängige Reiseliteratur über die Inseln und Staaten sachkundig gemacht. Bis zum Erreichen des Abschieds vom aktiven Berufsleben meist aus Zeitgründen weniger intensiv, danach umso mehr. Namibia lag so im Grenzbereich, Jan war noch im halben Dienstmodus, sprich Lehrtätigkeit, Käte hatte gerade ein anstrengendes Procedere, mit viel gelassenen Federn, ob einer kompetenten Nachfolge in der Landarztpraxis und allem was so daran hing, hinter sich. Nicht so ganz gelungen.

Im Jahr danach gelang das für eine Individualvisite in Kuba in der Vorbereitung schon besser. Auch wenn der Jan dort einen kräftigen Bock geschossen hatte, indem er durch eigenes Verschulden seine wertvolle Kamera verlor. Keine (digitalen) Bilder von dieser einzigartigen Insel, also war man eigentlich gar nicht dort. Und das bei diesen unglaublich lebensbejahenden, einfach stolzen und schönen Menschen, das gilt für Frauen, ebenso für Männer und die Kinder. Doch das ist neuerlich eine gänzlich andere Geschichte. Und das ebenso in einer Altersliga, die eine Wiederholung dieser Reise in die Karibik, vorher oftmals dort, auch vor 1990, nahezu ausschloss. Schon bitter, sehr.

Namibia war vor über einhundert Jahren Deutsch - Südwestafrika, aha, also Kolonialzeit, von 1884 bis zur Mitte des furchtbaren Ersten Weltkrieges 1915. Da regierte der Kaiser Wilhelm II., nach dem die neuen Kolonialherren aus der BRD in Ostdeutschland nach 1990 die FDGB-Bäder in Volkes Hand auf Usedom, Heringsdorf, Bansin und Ahlbeck, in private Kaiserbäder umbenannten. Und fast alle Ureinwohner auf der Insel haben gejubelt. Das Unverständnis und die Absurdität darüber sind bei Jan so groß, dass es noch einmal hier wiederholt wird.

Alles etwa so, wie in Jans Heimat, 1990 im Osten, als die Eroberung begann? Ja, so etwa, aber nicht so ganz, sein kleines Land mit seinen sechzehn Millionen Leuten vom Stamme Ostdeutsch, waren zwar vergleichsweise, wenn man so will, die Hereros und Namas von Namibia, die in einem fast fünfjährigem Völkermord nahezu von Deutschen ausgerottet wurden. Aber wir durften einigermaßen munter weiterleben, teilweise sogar ganz gut, wenige ausgezeichnet, wieder andere wurden zum großen Prekariat, aber die Ideale, von denen, die sie hatten, waren zuvorderst gestorben worden.

Das Sagen hatten fortan die westlichen Kolonialherren, bis heute, sozusagen vormundschaftlich regiert. Auch wenn sich fast alles, gemeint sind die entsetzlichen Entmündigungen in diesen Jahren und danach, über eine Generationszeit von etwa dreißig Jahren biologisch nahezu austariert, soll heißen, erledigt hat. Wären da nicht die Väter, Mütter und die Großeltern, die aus den guten alten Zeiten zu bedenken geben. Wenn auch nicht so ganz ernst genommen, aber einiges blieb hängen. Vielleicht wird diese schlimme innerdeutsche Zeit dereinst einmal aufgearbeitet, so wie in den 2010er Jahren für Namibia angestrebt. Ja, ja, nicht wirklich vergleichbar, aber irgendwie doch.

Zurück zu Swakopmund. Die ostdeutschen Touristen Jan und Käte Luise übernachteten im deutschen Hotel »Eberwein« im Stadtzentrum, unweit der Gaststätte »Erichs Restaurant«. Das war natürlich keine Adaption an den großen oder den kleinen Erich aus der früheren DDR. So deutsch, gar deutschost-affin war man nun auch wieder nicht. Dort konnte man, bei auch deutschsprachiger Speisekarte, typisch deutsche Gerichte bestellen und essen. Bezahlen mit deutschem Geld, also Euro, konnte man auch.

Am Hotel-Tresen von »Eberwein« fanden unsere Protagonisten im Gästebuch einen hochinteressanten, etwas längeren Eintrag, der hier benannt werden soll. Da war zu lesen, dass sich der schreibende Gast über die überall im Land hinterlassenen und sichtbaren deutschen Duftmarken freut, zur Erinnerung an eine heroische Zeit, als Namibia noch zu Deutschland gehörte. Das Hochhalten des Deutschtums in Afrika sei für ihn eine unerwartete und freundliche Urlaubserinnerung.

Von den etwa hunderttausend toten Hereros und Namas beim Gemetzel zwischen 1904 und 1908, die Zahlen schwanken erheblich, stand da nichts. Dafür aber lobende Worte für den siegreichen deutschen General Lothar von Trotha sowie einige andere Kriegsherren.

Der deutsche Gast kannte sich offenbar recht gut in deutscher Kolonialgeschichte aus.

Dieser Eintrag zur kolonialen Erbmasse im Gästebuch stammte übrigens von Touristen aus Bayern.

Da erinnert sich Jan an die achtziger Jahre in seinem Heimatdorf am Strelasund in Vorpommern. In einer Berufsschule eines volkseigenen Gutes (VEG) wurden junge Namibierinnen in landwirtschaftlichen Berufen ausgebildet. Ja, damals gab es Berufsschulen, die den volkseigenen Gütern angegliedert waren. Und beide funktionierten bestens. Bis die Kreuzritter kamen und alles in Frage stellten. Diese jungen, lebenslustigen dunkelhäutigen Mädchen mit den Knopfaugen, natürlich seinerzeit Exoten vor Ort, waren auch Patientinnen bei seiner Frau, sie kamen ängstlich wegen »jedes Pickels« zu ihr in die Sprechstunden, memoriert sie in Swakopmund. Diese jungen Menschen waren, von der SWAPO in die DDR gezielt delegiert worden, um einmal das neue, postkoloniale und ausbeutungsfreie Namibia aufzubauen. Es war die prosozialistische Befreiungsfront Namibias, die 1990 zur Unabhängigkeit von der Kolonialmacht Südafrika führte. Welche Ähnlichkeit in der Jahreszahl und welch eklatante Unterschiede. Dort im gleichen Jahr aus dem Kolonialismus raus und hier in den Kapitalismus rein.

Dieses ruhmreiche Kapitel deutscher Geschichte reicht bis in die unmittelbare Gegenwart. Auf Drängen Namibias kam es Mitte der 2010er Jahre zu Entschädigungsverhandlungen zwischen den heutigen Regierungen. Zumindest ließ sich Deutschland herab, den bestialischen Völkermord an den Ureinwohnern dieses südafrikanischen Landes zu Beginn des 20. Jahrhunderts als Genozid anzuerkennen und sich zu entschuldigen. Diese Verhandlungen dauern an, um die geforderten Reparationszahlungen in Milliardenhöhe gibt es ein widerliches und erbärmliches Gezerre und Geschacher, als wenn man diese Verbrechen mit Geld ungeschehen machen könnte.

Es gab trotzdem einen versöhnlichen Abschluss vor der Weiterreise zur Namib Desert Lodge, den Besuch des mineralogischen Museums in Swakopmund. Neben sehr typischen Exponaten aus der weltberühmten Tsumeb-Mine, ebenfalls in Namibia gelegen, wurde eine riesige, einige Meter messende Platte aus Bergkristallen vom Brandbergmassiv Namibias, als größter Quarzkristall der Welt vorgestellt. Na ja, das stimmte nicht so ganz.

10 Erstes Kind hinter Mauern

Das Medizinstudium unserer Käte Luise an der Humboldt-Universität, sprich Charite, wir sind immer noch in der Hauptstadt der DDR, der Westen sagte immer noch Zone zu uns, gab die Familienplanung vor. Ein langes, sechsjähriges Studium mit Kindern, nein, das trauten sich die beiden nicht zu.

Retrospektiv gesehen, richtig so. Welche Vernunft und welche Disziplin beider, ohne spätere legale Hilfsmittel von außen. Kinder hinter Mauern aufziehen, welch grausiges Schicksal, wird heute oft kolportiert. Bedenkenswerter wäre da schon und war es dann zwei Jahre später auch, sie im Hinterhof eines Berliner Altbaus zwischen Mülltonnen spielen zu sehen. Mit Zahnbürsten aus ihnen die Zähne zu putzen. Nein, die Mauer, in Berlin allgegenwärtig, in der DDR ebenso, denn sie war nicht irgendeine, sondern eine tragende Mauer im Weltbild beider, spielte bei derartigen Überlegungen kaum keine Rolle.

Nach der Promotion von beiden, die eine im Mai, der andere im September des Jahres 1970, manche nennen es, nicht zu Unrecht, sozialistisches Karrieredenken. Da mag was dran sein. Beide dachten an die Zukunft, natürlich eine sozialistische und dachten nicht nur, sondern machten. Sechs Jahre nach der nichtkonfessionellen Eheschließung. Das soll betont werden, da im weiteren Familienkreis, zum Entsetzen von Jan und Käte, nach dem Putsch 1990, als man dann endlich »frei« war, eine kirchliche Trauung nachgeholt wurde. Jeder soll nach seiner Fasson glücklich werden, sagte irgendeiner der preußischen Könige, konfessionsneutral. Alles gut, aber nicht, wenn man zuvor mit dem Ostwind segelte.

1971 freuten sich die Jung-Intellektuellen über das kräftige Töchterchen Cornelia. Eine Taufe war kein Thema, es sollte nicht in irgendeinem Aberglauben aufwachsen. Jan trug sie eingehüllt in eine warme Decke, durch die S-Bahnkontrolle in Berlin-Kaulsdorf. Ein Auto hatten die beiden damals nicht. Brauchte man nicht, bei den spottbilligen Preisen in Berlin für die öffentlichen Verkehrsmittel. Die Schaffnerin in der »Wanne«, mit dem Fahrkartenentwerter in der Hand, grüßte beim Anblick des kleinen Mädchens ausgesprochen freundlich bewegt und sprach beste Wünsche aus. Sie gingen weitgehend in Erfüllung.

Zunächst aber nicht, denn mit einem Krippenplatz ging es schon mal daneben, keiner war angeblich frei. Ihre nicht ausreichende Anzahl war damals tatsächlich in Ostberlin ein gewaltiges soziales Problem. Und da half der im Kiez bekannte, heute würde man hinzufügen »vernetzte«, bereits genannte Benno.

Ihm war aus den Nachkriegsjahren eine echte Trümmerfrau, bekannt; Witwe, selbst keine Kinder und unweit, nur um die Ecke, wohnend. Er konnte sie gewinnen, die glücklichen jungen Eltern als Tagesmutter zu unterstützen. Besser vielleicht Tages-Oma, denn sie war nicht mehr die Jüngste. Diese hatten seit einigen Jahren eine Zwei-Zimmerwohnung. Immer noch im Prenzlauer Berg, Hinterhof, linker Seitenflügel. Vierter-Stock, selbstredend ohne Fahrstuhl, aber mit Innentoilette. Zuvor in einem »Loch«, in der Stolpischen Straße, Hinterhof, linker Seitenflügel, erster Stock, unmittelbar über der Räucherei eines Fleischergeschäftes. Käte Luise erkrankte physisch und psychisch. Aber das war vor der Geburt von Jans und Kätes erster Tochter.

Nach der zweimonatigen Babyzeit wurde diese mit großer Kulanz um weitere zwei Monate von Kätes Chef der Poliklinik im Stadtbezirk Mitte, Medizinalrat Dr. Hügel, verlängert, alles mit vollem Gehalt. Dort hatte sie einen festen Arbeitsplatz in der Facharztausbildung. Dieses großzügige Entgegenkommen war Heimarbeit – Krankenakten, Literatur, Verwaltung etc. – heute hieße das Homeoffice. Wenn man da an heute denkt …

Diese Art der Betreuung, als Tages-Oma für Kleinkinder, aus der Not geboren, war damals in den siebziger Jahren durchaus noch die Ausnahme. Heute dagegen entschieden weiterverbreitet, etwa im Kollektiv eines privaten Haushalts, eine betreuende Mutter oder Großmutter, für mehrere Kinder unter einer Obhut. Oma Gullasch, so hieß sie tatsächlich und so nannten die beiden sie auch, kümmerte sich danach ungemein liebevoll um Cornelia, kam natürlich auch in deren Wohnung und half ansonsten, unaufgefordert im Haushalt und anderweitig, etwa wenn Abendveranstaltungen der beiden nicht zu umgehen waren.

Als die Drei 1973 Berlin gen Norden verließen, war das eine überaus schmerzvolle Trennung, vornehmlich für Oma Gullasch. Das konnten die häufigen Reisen nach Berlin in den Jahren danach, wie berichtet, lediglich bis 1990, dann war »Schicht im Schacht«, durch Mitnahme »ihrer Kinderoma« aufs Dorf im östlichen Teil des Bezirks Rostock, nicht ausgleichen.

Der Vater Jan hatte Cornelias Kindermund – wie auch bei der späteren und damit jüngeren Schwester – auf Karteikarten wohlweislich dokumentiert. Mehr intuitiv, als bewusst und vorausscheuend, ihn später einmal, wenn die Kleinen dereinst erwachsen sein werden, zeigen und benutzen zu können. Diese spontanen Aussagen aus dem Mund von Kindern, dazu noch den eigenen, sind etwas ganz Ursprüngliches, Spontanes, nicht verstelltes Ehrliches, damit Einzigartiges, wie wohl später im Erwachsenenalter nie wieder. Und dazu nicht nur bei jenen in dieser Altersliga sehr Erheiterndes. Bei der Durchsicht dieser alten Unterlagen, bestätigte sich die Richtigkeit, damals zum Zeitpunkt der

Geschehnisse, den Kindermund dokumentiert zu haben. So manche Episoden waren kaum noch in Erinnerung, waren nahezu einsedimentiert, also überlagert von der Unzahl nachfolgender Ereignisse oder einfach auch vergessen worden.

Als die Cornelia, bald von den beiden nicht mehr so ganz jungen Eltern verkürzt Conny genannt, vier Jahre alt war, gab es im Auto auf dem Weg vom vorpommerschen Dorf nach Berlin etwa folgenden Gedankenaustausch: Conny erzählte von einem Traum in der Nacht zuvor. Sie nennt namentlich die darin vorkommenden Personen, so auch Papa Jan. Darauf fragt dieser, ob denn auch ihre, Conny sehr zugetane Kindergärtnerin, in diesem Traum vorgekommen sei. Darauf Conny nahezu wörtlich: »Natürlich war Frau Läufer dabei (so der Name der Kindergärtnerin), aber, warum fragst du, das musst du doch wissen, du hast sie doch gesehen.«

Traum und Wirklichkeit gingen in den Kindergedanken fließend ineinander über.

Ihre Conny war älter geworden, bereits elf, da waren die Eltern in einer Zeit so Anfang der Achtziger, als ihnen, nein, nicht ihnen, sondern der Landärztin, vom zugehörigen Kreis ihres Dorfes ein Haus gebaut wurde, den Standort in Toplage am Strelasund konnten sich die beiden aussuchen. Diese Situation – Standortsuche nach Wunsch und Hausbau ohne physische Eigenleistung – war durchaus ein ungewöhnliches Privileg, im Nachhinein betrachtet. Geschuldet der Tatsache, dass es damals zunehmend schwieriger wurde die gesundheitliche Versorgung der Bevölkerung auf dem Land zu garantieren, woran es der Staatspartei zuvorderst gelegen war. Das war tatsächlich so, alles andere war und ist übliche westliche Anti-DDR-Hetze. Zur Genüge, bis heute alltäglich.

Die jungen Ärzte gingen in die kleinen und großen Städte oder hauten illegal über die Ostsee ab. Selbst Jan und Kätes Nachbarn in einem Haus, er Zahnarzt, sie seine Helferin, werkelten wochenlang hinter verschlossenen Garagentüren an einem Fluchtboot. Die beiden arglosen, aus Berlin Zugezogenen, völlig anderer Gesinnung, schöpften keinen Verdacht. Abhauen war gänzlich außerhalb ihrer Vorstellungswelt.

Kulturdefizite waren vielfach ein Grund, und auch bei Käte Luise gab es Tendenzen und erste aktive Bemühungen, induziert infolge beruflicher Probleme von Jan in einem zu sehr auf Geheimhaltung bedachten staatlichen Forschungsinstitut, die Staatliche Arztpraxis auf dem Dorf in Richtung Rostock zu verlassen. In dieser Situation traten die eigentlich einzigen echten Spannungen in der langen Ehepartnerschaft beider auf. Das bemerkten auch die beiden Mädchen und damit sind Jan und Käte wieder beim Kindermund.

Beim Abendbrot sitzend fragt Conny, wann denn nun unser Haus endlich fertig sei. Diese Bauarbeiten hatten sich enorm verzögert, zumal die beiden als Zwischenlösung in einer ganz passablen Blockwohnung des ansässigen Volkseigenen Gutes im Nachbardorf auf den Umzug warteten. Vier ganze Jahre wurden es dann schließlich.

Der Conny erklärten die beiden, dass sich der Baubeginn verzögert, da es die weltpolitische Lage erfordert, viel Geld und Material für die Verteidigung auszugeben. Deshalb wird so manches, auch vermutlich der Hausbau zurückgestellt. Es waren die Jahre des Höhepunktes im Kalten Krieg, Nato-Doppelbeschluss, Kuba-Krise, Pershing-Stationierung in Westdeutschland, aber dadurch auch der Entstehung der Friedensbewegung in Westdeutschland. Connys Mutter ergänzt wörtlich: »Lieber Frieden und kein Haus, als Krieg und Haus.« Daraufhin Cornelia: »Aber noch besser ist, Frieden und Haus.«

Was ja dann in Erfüllung ging.

Zwei Jahre später ist Frieden i. w. S. immer noch ein Thema und sie sind wieder im Auto. Auf der Fahrt in den Urlaub ins Erzgebirge. Über fünf Jahre ist dann diese schöne private Ferienwohnung in Breitenbrunn das Ziel und immer noch ist Kalter Krieg. Das östliche Pendant zur westlichen Friedensbewegung war – aber seine Wurzeln reichen bis in die sechziger Jahre zurück – die FDJ-Singe-Bewegung, später Teil von ihr, der Oktoberclub. Seine Lieder klangen aus dem Autoradio, etwa auch, wohl die Hymne der internationalen Arbeiterbewegung, »Avanti popolo«. Ohne die leiseste Übertreibung, dem Jan laufen heute noch Schauer über den Rücken, sobald dieses Lied zu hören ist und Tränen treten in die Augen, wenn er daran denkt, dass es jüngst mit der Gerechtigkeit in der Geschichte der Menschheit mal wieder nichts geworden ist. Das wird nicht weniger bei der deutschen Version »Steht auf ihr Arbeiter, steht auf Genossen«. Es sind Emotionen, die jedoch keiner Scham bedürfen.

Unvermittelt war dann plötzlich – es war 1984 – Roland Kaiser zu hören, aus heutiger Sicht ein Barde diese Genres, auch im Osten bekannt und beliebt. Jan drehte das Radio lauter und tritt kräftiger auf das Gaspedal. Eigenartig, diese Bewegungen wurden zum regelmäßigen Ritual, sobald Ohrwürmer erklangen. Sie trugen dann bei ihm eine zutreffende Bezeichnung als »Stempellieder«. Wie das? Stempel hießen in der DDR die späteren westlichen sog. »Knöllchen«, welch dämliches Wort, heute noch, als Belohnung für zu schnelles Fahren. Jan und Käte hatten einige Autos, die das konnten, folglich gab es eine kleine Sammlung.

Jedenfalls sang der Kaiser in damals gewohnter machohafter, aber doch charmanter Art: »Es kann der Frömmste nicht in Frieden leben, wenn ihm die schöne Nachbarin gefällt.« Dazu bemerkt Cornelia ernsthaft: »Hör mal, Mutti, das ist auch ein Friedenslied.«

So friedlich verlief dann das weitere Leben nicht, partiell geschuldet den fremden Konditionen des neuen, keineswegs besseren Systems. Cornelia hatte bei uns und in der Schule das kollektive Wir gelernt, in Zeiten der Diktatur des Geldes war dann lediglich das egoistische Ich gefragt, mit dem bekannten Mobbing-Verhalten als Folge.

11 Zweites Kind – bis zum Pionieralter hinter Mauern

Die Flucht in den Norden der DDR – quälend lange überlegt, ob es denn die richtige Weichenstellung für Käte und Jan sei, es stand ihnen frei, in der ach so dirigistischen Zone, stringent angeblich alles vorgegeben – wurde endgültig erst nach 1990 beantwortet. Und sie lautete dann: Ja, ohne Wenn und Aber.

Dazu trug – neben den beruflichen und sozialen und Umständen - die Geburt einer zweiten Tochter bei. Wie das erste war sie ein Wunschkind, aber nicht in der Hauptstadt geboren, sondern in Stralsund. Ein echtes Ostseekind. Was sie dann, dreißig Jahre später, als Genossin, nein, nicht einer linken Partei, sondern als Eidgenossin in der Nordostschweiz, stolz in der Freizeit auf ihrem T-Shirt trug.

Als Jan sie an einem warmen Maitag auf den Armen aus der Geburtsklinik trug– ja, so etwas gab es in der Zone – schmunzelte ihn mit geschlossenen Augen ein interessantes pfiffiges und verschmitztes Gesicht an. So, als ob es sagen wollte, mit mir werdet ihr noch manches Mal eure Freude haben. So kam es auch, aber natürlich auch Probleme.

Zur Namengebung der neuen Erdenbürgerin konnten sich zuvor die Eltern nicht so richtig einigen. Deshalb wählte man gemeinsam zehn von beiden akzeptierte Vornamen aus, gab ihnen getrennt eine Reihenfolge mit Punkten – heute würde man doppeltes Ranking sagen – der mit der höchsten Punktzahl wurde es dann. Der Vorname Claudia sollte es dann sein.

Bei der Geburt eines männlichen Bürgers auf diesem Planeten war ein Name, nach gleichem Procedere ermittelt worden. Per Sonografie war schon damals eine

Geschlechtsbestimmung im Voraus durchaus möglich, aber von beiden nicht gewünscht.

Aus ihrem Kindermund kamen viele lustige Aussagen, mit erkennbarem angeborenem Intellekt, einige sollen nachfolgend aufgeführt werden.

Ende der achtziger Jahre sind die beiden mit den zwei Mädchen wieder oder immer noch im mittleren Erzgebirge im Urlaub. Claudia, inzwischen schon elf, hatte zuvor im Ferienlager der Universität Greifswald in Trassenheide auf Usedom einen gleichaltrigen Spielfreund kennengelernt und war noch Tage danach von Kummer über die Trennung befallen. Cornelia, bereits siebzehn, hatte im Freibad Raschau, nahe Breitenbrunn, einen dortigen Rettungsschwimmer etwa gleichen Alters lediglich mehrfach gesehen, der ihr sympathisch war. Und nun befiel sie ziemliche Traurigkeit, dass wir am nächsten Tag nach Hause, zumeist noch mit einem Aufenthalt in Berlin, abreisten. Das kommentierte Claudia bei der Heimfahrt im Auto, also die Jüngere zur Älteren:« Siehste, Conny, nun kannst du endlich verstehen, wie es mir gegangen ist«.

Zwei Jahre zuvor gibt es eine Fußball-Weltmeisterschaft, in Mexiko. Jan, mit etwas Interesse für diese Sportart, die eigenen früheren, fast fanatisch betrieben Aktivitäten in Jugendjahren, lagen dagegen mehr bei der Leichtathletik, Radsport und beim Handball, schaute sich diese Spiele am Abend im Fernsehen an.

Claudi, wenig notwendig abkürzend so genannt, sah fleißig mit, weniger aus Fußballinteresse, als aus der Tatsache, einen Grund zu haben, später ins Bett zu müssen. Jeden Abend gab es Diskussionen mit dem Vater, die Kinder, Conny war auch dabei, das ganze Spiel, eine oder zwei Halbzeiten gucken zu lassen. Eines Abends davon fragte Claudia, wie lange sie denn heute sehen dürfe. Der Papa Jan antwortete nichts ahnend: »Na, gut, du darfst gucken, aber nur eine Halbzeit.«

Die Antwort Claudias kam prompt und überraschend: »Prima, dann nehme ich die zweite.«

Im gleichen Jahr erhält Jan, der Papa von Claudia, anlässlich des Nationalfeiertags der DDR, am 7. Oktober, den er heute noch begeht, den begehrten Forschungspreis der Universität Greifswald 1986. Im Wesentlichen für die veritablen Ergebnisse der vorherigen Habilitationsarbeit. Neben der Urkunde sowie einer materiellen Anerkennung, sozusagen als passende Zugabe, wurde eine etwa handtellergroße Medaille aus Meißner Porzellan überreicht. Auf ihrer Vorderseite mit einem Bildnis von Ernst-Moritz-Arndt, dem damaligen Namenspatron dieser Universität im Norden der DDR. Viele Jahre später, diese hohe Bildungseinrichtung war wie alles schon tief »verwestet« und Jan nur noch Emeritus, hat sich dann der Senat der Universität, dem Jan auch über eine Wahlperiode als Senator angehörte, nach mehrjähriger heftiger Diskussion, dieses Namens entledigt.

Claudia betrachtet sich aufmerksam diese wertvolle Medaille in der Hand und äußerte empört: »Aber Papa, das bist doch nicht du.«

Claudia war sechs Jahre geworden und noch in der bald beendeten Vorschulzeit. Eines Tages, sie saß, wie jeden Abend in der Badewanne und das war dringend nötig, die Familie wohnte auf dem Dorf in »de Blöcke« des zuvor genannten VEG, wie es umgangssprachlich hieß. Papa Jan stellte, wie oftmals, auf Wunsch Claudis, einfache Rechenaufgaben in Kettenform. Wie in diesen Tagen üblich kommt das Gespräch auf die bald beginnende Schule – heute übrigens, im Gefolge der Zerstörung funktionierender ländlicher Strukturen seit über dreißig Jahren, gibt es diese als Gebäude nicht mehr.

Claudia weiß aus dem Kindergarten, dass sie körperlich kein Riese ist und meint schon mal vorausschauend: »Auf die Größe kommt es in der Schule doch nicht an, Papa, sondern bestimmt mehr auf die ›Wissigkeit‹.«

Den Mauerfall hat Claudia als ganz schlimmes Ereignis empfunden. »Papa, gibt es Krieg?« war ihre zutiefst ängstliche Frage am Morgen des 10. November 1989. Das konnte der Jan, nach genauer Beurteilung der Lage, soweit das überhaupt möglich war, dank des besonnenen Verhaltens des letzten Generalsekretärs der Staatspartei, Genossen Egon Krenz, mit dem er heute in lockerer Verbindung steht, verneinen.

Insbesondere hat Claudi den durch den Mauerfall verhinderten, bevorstehenden Eintritt in die Freie Deutsche Jugend (FDJ) – wohl noch heute in diesem neuen, so freiheitlich-demokratischen Gesamtdeutschland verboten – bedauert. Sie war die Freundschaftsratsvorsitzende der Pionierorganisation »Ernst Thälmann« an ihrer Grundschule und freute sich, das rote Halstuch der Pioniere durch die blaue Bluse der FDJ ersetzen zu können. Wohl mehr aus Gründen, dann zu den Größeren zu gehören.

Die hier aus dem Kindermund sichtbaren, besser hörbaren, in den Genen und im Charakter angelegten, hellwachen intellektuellen Eigenschaften ihrer zweiten Tochter, haben sie ihr bisheriges Leben begleitet. Das konnten die Käte und der Jan immer wieder feststellen, inklusive auch manch nachteiliger, späterer Auswirkungen.

12 Hochzeitsreisen

Bevor die beiden Mädchen ins Leben der beiden eingetreten waren, musste geheiratet werden.

Nicht aus damalig häufig bestehenden Gründen. In den Sechzigern, hörte man das »heiraten müssen« des Öfteren, war doch damit ein aus der bürgerlichen Gesellschaft in die sozialistische übernommenes, ideales Familienbild gemeint. Vater, Mutter Kind und wenn das Kind vor der Hochzeit kam, widersprach das den überholten kirchlichen Geboten, vor der Eheschließung keine sexuellen Beziehungen einzugehen.

Kätes Vater, dem natürlich die Bekanntschaft seiner Medizin studierenden Tochter nicht entgangen war – sie wohnten auch beide zur Untermiete in unmittelbarer Nähe, er in der Bornholmer-Straße 77 und sie schräg gegenüber in der Nordkap-Straße 2, passte diese lose, unverbindliche Verbindung mit »diesem Studenten« gar nicht. Morgens trafen sich die beiden zu verabredeter Zeit an der Haltestelle der Straßenbahnlinie 3, um dann in der Schönhauser Allee in die 46 umzusteigen – heute würde man Tram sagen – um gemeinsam ins Stadtzentrum zu den getrennten Vorlesungen, in den Sektionssaal, den Seminaren usw. zu fahren. Manchmal, am Anfang nicht, aber später immer öfter, kamen sie gemeinsam aus der Hausnummer 77. Und das vermutete Kätes Vater, gar nicht zu Unrecht und deshalb drängte er, diese »wilden Ehe« zu beenden, der Moral zu genügen und eine richtige mit »diesem Studenten« einzugehen. Das geht ja gar nicht, waren seine Worte. Nachdem er ihn am Neujahrstag 1963 in Kätes Salzwedel mit strengen Blicken erstmalig betrachtet hatte.

Allerdings im Jahr der Hochzeit war aus dem Studenten, bereits ein Doktorand geworden. Das Diplom in seinem Fach hatte er bereits ein Jahr zuvor, 1964, ziemlich erfolgreich erworben und mit einem Resultat, das geeignet war, nahtlos durch eine A-Aspirantur (erster Doktorgrad) gefördert zu werden.

In Vorbereitung der standesamtlichen Eheschließung wurde dem Jan erst einmal klar mit DDR-Bürokratie bewiesen, dass er einen anderen Vornamen besitzt. Anhand der deutschsprachigen Urkunde hieß er etwas anders, nämlich Johann. Bei Ausstellung des ersten Personalausweises mit vierzehn Jahren auf dem Dorf genügte dem Dorfpolizisten die mündliche Aussage, wie heißt du, natürlich Hans. Die ersten populärwissenschaftlichen Veröffentlichungen 1963 in der »Urania« sowie die allererste wissenschaftliche Publikation mit Resultaten aus der Diplomarbeit erschien 1965 noch mit diesem Vornamen, alle anderen später mit Johann. Ein neuer Personalausweis und einige andere Dokumente mussten mit dem geänderten Vornamen ausgestellt werden; viel Bürokratie, aber kein Vergleich mit der heutigen Ausuferung.

Die Hochzeit selbst lief bescheiden im engsten Familienkreis und anderenorts als angedacht statt. Einen Polterabend gab es ohnehin nicht. Selbst die Musik fehlte, aber das hatte den beiden niemand gesagt, für sie war es die erstmalige Eheschließung.

Die standesamtliche Trauung, eine weitere gab es per se nicht, sollte zunächst im Rathaus des Stadtbezirks Berlin-Pankow stattfinden, damals von jungen Paaren sehr gefragt. Die fest terminierte Anmeldung musste annulliert werden, da Jans Vater gesundheitliche Probleme hatte, die weite Reise bis Berlin, wo er noch nie war, war nicht mehr zuzumuten. Als Forstmann, ein Leben lang mit der Natur verbunden, hat er die Großstadt, schon gar Berlin, nie in den verbliebenen drei Jahren vermisst. Seine beiden Enkeltöchter hat er nicht mehr kennengelernt.

So fand die Trauung schließlich in Jans Oberschulort in der Altmark statt, im Restaurant »Goldener Stern«, sieben Jahre nach dem Abitur. Heute wird in dieser Räumlichkeit, die es noch gibt, vermutlich eine zeitgemäße, auf Gewinn orientierte Versicherung oder eine Immobilienagentur untergebracht sein. Auch die Winckelmann-Oberschule, nach einem bekannten Archäologen des 18. Jahrhunderts benannt, ist einige Jahre nach der feindlichen Übernahme als solche liquidiert, besser: zur Gemeinschaftsschule abgestuft worden. So mancher künftige Universitäts-Professor der DDR hat in dieser Oberschule seine breiten Grundkenntnisse sowie eine profunde Allgemeinbildung erhalten. Jan erinnert sich zuvorderst an seinen Schulfreund Wolfgang Vogel aus Arendsee, der, knapp zehn Jahre nach dem Abitur, zu einem der jüngsten Professoren für Mathematik an der Martin-Luther- Universität Halle berufen wurde. Sie hatten eo ipso keine beknackte Wahl zwischen den Fächern, sie abzuwählen oder als Leistungskurs zu belegen. In DDR-Schulen waren alle Fächer Leistungsfächer. So umfassend war dann auch die Bildung ihrer Absolventen.

Zu dieser harten verallgemeinerten Meinung trug für Jan folgendes singuläre Erlebnis bei: In einer bekannten Ratesendung im TV, bereits in tiefen Westzeiten, hatte ein Kandidat enorme Schwierigkeiten in der Entscheidung, so auf mittlerem Finanzniveau, den Äquator zwischen Europa oder Afrika verlaufen zu lassen. Bei allen Fragen zuvor, etwa zu Hollywood-Größen und Rock - und Popstars und ihrer nur englischsprachigen Musik, war er einsame Spitze. Nun lässt der Jan den Leser und die Leserin raten: Welches Fach hatte dieser Typ, nach eigener Aussage wohl abgewählt? Jan war einiges in über dreißig Jahren gewöhnt, aber das tat richtig weh.

Umso eindrucksvoller und erinnerungsträchtig bis heute war die Hochzeitsreise der beiden. Die Wahl des

Zielortes – Spindleruv Mlyn im Krkonose, also Spindler-Mühle im Riesengebirge – war gewiss Jans Vorfahren, also seinen Wurzeln im damaligen Vielvölkerstaat Österreich-Ungarn, geschuldet.

Die Buchung dieser zehn Tage übers Reisebüro der DDR war komplikationslos und war für zwei Stipendiaten, die sie waren, mit nur etwas vorherigem Sparen durchaus machbar. Käte hatte ihr beschriebenes unnötiges Interregnums-Jahr soeben erfolgreich beendet, stand vor der Wiederaufnahme des Medizinstudiums und einem Stipendium von 155 Mark mit dem fünften Semester. Im Jahr darauf gab es vierzig Mark Leistungsstipendium dazu. Jans monatliches »Aspiranten-Gehalt« nannte sich offiziell ebenfalls Stipendium und betrug 510 Mark.

Die An- und Abfahrt sowie die Begleitung vor Ort waren vom Reisebüro organisiert worden. Jan liest Jahrzehnte später stereotyp von ständiger Anwesenheit von MfS-Leuten für die Überwachung bei Urlaubsreisen von Privatpersonen sogar oder gerade ins sozialistische Ausland. Die übliche Masche und permanente Lüge zur Delegitimierung seit dreißig Jahren und mehr über den untergegangenen Staat, dem Jan und Käte so unglaublich viel zu verdanken haben. Sie haben jedenfalls davon nichts gemerkt, ggf. waren sie auch liebesblind.

Aber diese Gedanken gab es damals natürlich nicht, schon gar nicht auf der Hochzeitsreise. Ach, was waren sie verliebt. Dabei achteten sie von jeher darauf, körperliche Zuneigungen, nie öffentlich demonstrativ zu zeigen. Das war intuitiv nicht abgesprochenes Gesetz. Umso mehr lehnten sie es bei anderen ab. Und ein Erfahrungswert über viele Jahrzehnte war: Dort, wo allzu sehr öffentlich geknutscht wurde, ging die Beziehung zumeist in die Brüche.

Trotzdem merkte es auch der Dolmetscher, Herr Libanski, der die beiden am Bus, zusammen mit den anderen aus der Reisegruppe in Decin, in Empfang nahm. Hier gab es eine besondere Affinität. Die beiden hatten diese tschechische Stadt an der Elbe im Norden der damaligen Tschechoslowakei mit dem Vindobona-Express Berlin, über Dresden, nach Wien erreicht. Als er von der Hochzeitsreise von Jan erfuhr, hatte er unauffällig auffällig auf Kätes unteren Körperteil geschaut, aber da war nichts, außer gedrechselten Beinen. Als er sie später beim Besuch einer der urigen Bauden, damals noch nicht tourismisiert, beim Essen von sauren Gurken sah, wurde er abermals und wieder ohne Grund stutzig.

Sie erfreuten sich ohnehin durch den Reiseleiter einer besonderen, unaufdringlichen Aufmerksamkeit. Vielleicht auch als er unseren gemeinsamen tschechischen Familiennamen – was wörtlich übersetzt so etwa »kleiner Frost« bedeutet – wahrnahm. Den beiden gefiel, bis heute, der tschechische Akzent bei Deutsch sprechenden Böhmen. Die geringen Sprachkenntnisse Jans in dieser Sprache, wusste er geschickt zu verbergen. Musste er aber nicht, denn diese Versuche, zwar zur Verständigung reichend, aber grammatikalisch ziemlich daneben, wurden vom Dolmetscher wohlwollend registriert.

Das Hotel »Start« am Ortsrand, mit für die damalige Zeit ausreichendem Komfort, hatte eine Besonderheit, eine einmalige Dienstleistung würde man wohl heute sagen, die dem Jan in den folgenden Jahren mit unzähligen Hotelaufenthalten im In- und Ausland, nie wieder begegnete. Man stellte abends seine (Wander)-Schuhe vor die Zimmertür und fand sie geputzt am nächsten Morgen wieder vor.

Alle naturbezogenen Sehenswürdigkeiten in der Umgebung wurden erwandert, natürlich auch die Sniezka, die geschichtsträchtige Schneekoppe, über die die Grenze zur damaligen Volksrepublik Polen verläuft.

Das Volk hat man dann, als Polen dank der jahrelangen Vorarbeiten von Solidarnosc westlich wurde, aus dem Namen entfernt. An der Spitze mit einem vom Westen hochgelobten Arbeiterführer – Bebel hatte vollauf recht, wenn er meinte, wenn der Feind dich lobt, dann hast du einen Fehlet gemacht – der nie ein solcher war, sondern stets ein Arbeiterverräter.

So ganz nebenbei, aber doch gezielt, entnahm der Jan dem Flussbett der Elbe, die in der Nähe des beliebten Urlaubsortes entspringt, in bestimmten Abständen von der Quelle aus über etwa zwanzig Kilometer Sandproben. Wie das? Er stand am Anfang der Untersuchungen für seine Dissertation, die sich mit rezenten Flusssedimenten, speziell im Harz, befasste, ihrer Mineralzusammensetzung und der Veränderungen der Korngestalt flussabwärts. Diese Elbeproben waren für spätere Vergleichsbestimmungen gedacht.

Ein wenig Sorge hatte er schon, dieses kleinen Sandtüten über die Grenze zu bringen, wegen eines möglichen Verstoßes gegen irgendwelche geltenden Bestimmungen zur Ausfuhr, die Jan nicht kannte. Und beinahe kam es auch so. Auf der Heimreise zwischen Decin und Dresden gab es die erwartete Fahrkarten- und Zollkontrolle. Jan und seine Käte wurden auffällig. Aber nicht wegen der Gesteinsproben im Rucksack, die interessierten gar nicht, sondern wegen eines einzigen Geldscheines, aber nicht irgendeines.

Beim Öffnen der Brieftasche stach den Kontrolleuren eine Ein-Dollar-Note in die Augen, in der Börsensprache Greenback genannt. Leichtsinnig gut sichtbar zwischen restlichen tschechischen Kronen und DDR-Geldscheinen steckend. Drohte da gar ein Devisenvergehen? Jan musste ausführlich erklären, wie er in den Besitz dieses Geldes vom Klassenfeind gelangt war. Alles half nichts, zur Klärung eines Sachverhaltes mussten die beiden den Vindobona-Express in Dresden verlassen, er fuhr ohne sie nach Berlin weiter und sie wurden im großen Bahnhofsgebäude in ein Büro mit Zollbeamten geführt. Dort begann das Procedere der Erklärung von Neuem.

Jan hatte keine Bauchschmerzen, er hatte diesen einen Geldschein und nur diesen, ganz legal erworben und erklärte es den uniformierten Beamten geduldig und wahrheitsgemäß. So richtig wollten sie es nicht glauben.

Seit wenigen Jahren war diese Dollarnote bei ihm, geschickt von einem Brieffreund aus den USA, aus Utah, ein Mormone, dessen Adresse er aus einem internationalen Postkartenspiel hatte. Ralph Hubrich hieß er. Gewissermaßen als Talisman, als Souvenir, war dieser Geldschein gedacht. Zusammen mit einer kleinen handelsüblichen Mineral-Kollektion, nichts Besonderes, die Jan heute noch hat sowie einer größeren vulkanischen Achatdruse aus den Rocky Mountains und einem echten Geologenhammer von der US-amerikanischen Firma Estwing. Alles war ganz legal mit der Post in Ost-Berlin angekommen. Soviel für die verbiesterten Aufarbeiter der DDR nach 1990. Und ihr Schaum vor dem Mund wird noch größer, wenn der Jan gesteht, in diesen Jahren ebenfalls ganz legal unbehindert noch einen Brieffreund im NSW gehabt zu haben, nach dem gleichen Modus kennengelernt. Armin Binotto aus der Schweiz. Doch das ist wieder eine andere Geschichte.

Nach etwa einer Stunde Wartezeit in dem Aufenthaltsraum kam der leitende Zollbeamte ziemlich devot zu uns, entschuldigte sich bei Jan, gab sogar die Dollarnote zurück und wünschte eine angenehme Weiterreise mit dem nächsten Zug. Zwischenzeitlich habe man mit Berlin telefoniert, teilte er uns mit, es sei alles lege artis. Jan dachte so bei sich, dass der in der Brieftasche enthaltene FDJ-Ausweis eine Rolle gespielt haben könnte, mehr noch, dass da doch die Sicherheitsorgane der

DDR, von denen er keine realen Vorstellungen hatte, im Spiel waren. Den Parteiausweis hatte er zu Hause gelassen, was wohl sogar vorgeschrieben war. Egal, er hatte ein in jeder Hinsicht reines Gewissen.

Und ganze fünfzig Jahre später, gab es wieder eine Hochzeitsreise dorthin. Nein, eine Wiederholung dieses in Teilen unschönen Procederes der richtigen Hochzeitsreise war nicht zu erwarten. Nach kurzer Überlegung zur Gestaltung dieses Aurum-Hochzeitstages stand fest, eine Reise nach Spindleruv Mlyn sollte es sein. Zwei Reisen, die eine vier Jahre nach dem Mauerbau, die andere fünfundzwanzig Jahre nach ihrem Fall. Sie waren mehrfach in der Karibik gewesen, Barbados, Curacao und Kuba, auf den Kanaren, in Madeira, in Norwegen, Dänemark, Schweden, Namibia, gefühlte hundertmal in Österreich und der Schweiz sowie in Australien und in der pazifischen Südsee auf den Fidschi-Inseln. Jan noch in anderen nahen und fernen Inseln und Staaten. Nein. dieser besondere Tag sollte im tschechischen Riesengebirge, wo vor einem halben Säkulum alles seinen Anfang nahm, begangen werden.

Sie waren sich bewusst, dass sie aus einem Land kamen, das quasi vom Westen vereint worden war, der modus vivendi dafür, an denen sich Jan bis heute grundsätzlich reibt, waren für die Mehrheit uninteressant, die Hauptsache war Bananen kaufen und reisen zu können. Stark vereinfacht, aber zutreffend. Und sie fuhren auf der halbsäkularen Hochzeitsreise in ein Land, das so vor fünfzig Jahren noch nicht existierte. Das parallel zum Systemwechsel halbiert worden war, die Slowakei und Tschechien trennten sich staatlich. Das alte und bewährte Prinzip der Imperialisten – und sie zogen im Hintergrund die Fäden – divide et impera, teile und herrsche – hatte bestens funktioniert. Wie später in der neunziger Jahre in Jugoslawien, hier allerdings mit NATO-Kriegsbeteiligung.

Jan erinnerte sich 2015 bei der Anfahrt zum Urlaubsort an eine Situation Ende der siebziger Jahre, als er eine DDR-Delegation leitete, die im sächsischen Freiberg mit den anderen RGW-Staaten zu einer INTERMORGEO-Tagung zusammenkam, um sich über die geomarinen Forschungsergebnisse im Atlantik und Pazifik, insbesondere über die damals geheimen Mangan-Knollen-Prospektion, auszutauschen. In der Pause kam sein tschechischer Freund, Dr. Wilhelm Rezek, sie kannten sich seit der gemeinsamen Atlantik-Expedition 1975 mit der »Humboldt«, zu ihm als Leiter der Tagung und riet ihm, nicht ständig von tschechischen, sondern tschechoslowakischen Kollegen zu sprechen, sie hätten auch einen Slowaken in der Wissenschaftlergruppe. Pardon, das hatte der Jan sofort verstanden, vorher nicht gewusst.

Und noch einen Unterschied zu 1965 gab es, sie fuhren diese fast siebenhundert Kilometer dorthin nicht mit Bahn und Bus, sondern mit einem bequemen eigenen Auto. Das Hotel war auch eines, das mehr im Ortszentrum, direkt an der dort jungfräulichen Elbe lag. Das periphere »Start«-Hotel von damals gab es aber auch noch. Sonst haben die beiden aber kaum etwas wiedererkannt. Ihre Wanderungen fielen vergleichsweise zu damals weniger opulent aus, die Strecken waren eo ipso kürzer, die überwundenen Höhenmeter geringer und die Pausen waren länger. Die Elbequelle sowie die dazugehörige Labska Bouda schafften sie aber noch.

Die Elbe entspringt knapp zehn Kilometer oberhalb am Kamm des Riesengebirges in einem unzugänglichen Torfmoor. Darunter liegt ein riesiger Pluton aus dem Gestein Granit, wie man in Jans Berufskreisen sagt. Seine Zerfallsprodukte, erzeugt durch die Verwitterung, bilden den Sand des Flussbetts der Elbe in ihrem Oberlauf. Und nun erinnerte sich der Jan an die damalige

Probenahme aus dem Flussbett der Elbe. Was war aus ihnen geworden? Nichts. Ihre Untersuchung erwies sich als nicht notwendig. Trotzdem hatte Jan sie erst vor kurzem entsorgt.

O, Trennung, ein ganz schwieriges Thema, Verabschiedung von irgendetwas, egal ob Gegenstand, Kleidung, Personen, Erinnerungen oder gar Verwandte – es ist stets ein kleiner Tod.

13 Nach der Hochzeit
Kongress in Moskau

Es begann schon vorher. Jans Direktor, Prof. Dr. Eberhard Kautzsch, beauftragte ihn mit der Betreuung eines hoch geschätzten Gastes von der Lomonossow-Universität Moskau, Prof. Krascheninnikow. Ein hagerer Mann, um die Sechzig, gut Deutsch sprechend. Für den jungen Doktoranden eine große Ehre und Verantwortung. Er kniete sich voll hinein, etwa bei der Reise durch die DDR, zu geologischen Universitätsinstituten. So in Halle an der Saale und nach Freibergs Bergakademie. Das war Mitte der sechziger Jahre noch möglich, bevor die unselige 3. Hochschulreform 1967/68 diese Institute liquidierte. Auch die der Humboldt-Universität Berlin. Letztlich, Jahre später, ein Grund, neben anderen, sie zu verlassen.

Da sich die beiden ausgesprochen gut verstanden, gab es durch das junge Ehepaar für den sowjetischen Gast auch eine Einladung zum Abendessen in die kleine, ziemlich schlichte Wohnung im Prenzlauer Berg. Als Loch oben bezeichnet. Diese hatten sie vor kurzem bezogen. Käte Luise hatte gekocht, Grigori Fjodorowitsch machte ihr viele Komplimente und es war ein uneingeschränkt harmonischer Abend. Aber er machte so seine Beobachtungen zur Ausstattung. Dieser Besuch hatte aber einige Wochen später ungeahnte Folgen.

Wenige Wochen danach, wohl zwischen Jans Direktor und dem sowjetischen Gast abgesprochen, durfte Jan zum VII. Allunionskongress für Lithologie nach Moskau reisen. Im russischen Verständnis stand der Begriff Lithologie damals für die Wissenschaft der Sedimente, also der Ablagerungsgesteine. Also solcher, mit denen der Jan damals promovieren sollte und mit denen er bereits in der Diplomarbeit zu tun hatte. Es wurde ein unvergessliches Erlebnis. Zunächst die tausendachthundert Kilometer lange Bahnfahrt von Berlin über Warschau, Minsk und Brest, wo die Gleise auf eine größere Spurbreite umgestellt wurden, bis Moskau. Dann die Unterkunft in einem Nobelhotel, hieß »Ukraina« im Stadtzentrum, war das höchste Hotel dieses Riesenlandes. Dann der Kongress selbst, fünftausend Teilnehmer trafen sich fünf Tage lang im Großen Kreml-Palast.

Einige Berufskollegen aus dem benachbarten Zentralen Geologischen Institut Berlin waren erwartungsgemäß auch anwesend. An eine Kollegin erinnert sich Jan besonders. Eine kleinwüchsige Jakutin, hatte einen in Moskau studierenden DDR-Geologen geheiratet und ist mit ihm nach Berlin gezogen. Sie war natürlich der Sprache perfekt mächtig und sie half dem Jan beim Verstehen mancher Vorträge. Sie konnte ebenso charmant wie kratzbürstig sein. Zehn Jahre später, als Jan sich beruflich komplett umorientierte, war sie seine Kollegin in Sachen Meeresgeologie.

Der Moskauer Gastgeber lud Jan zu sich in seine Altbauwohnung ein, ungemein groß, viele Zimmer und sehr hoch, Tatjana, seine Frau, verwöhnte den jungen deutschen Gast; überhaupt nahmen sie ihn wie ihren eigenen Sohn auf, sie selbst waren kinderlos.

Fast jeden Abend versorgten sie ihn mit Kultur vom Feinsten, besorgten Karten für Theateraufführungen, zu denen er als Tourist nie gekommen wäre. So war er bei einem Konzert der Moskauer Philharmonie, u. a. mit einem »Brahms-Konzert«, zweimal im Bolschoi-Theater, in Mussorgskis »Boris Godunow« und in »Eugen Onegin« von Tschaikowski, sogar in der ersten Reihe im Parkett.

Ein weiterer Höhepunkt war der Besuch des Museums für Angewandte Kunst, die sogenannte Rüstkammer. Man sagte sich damals, dass es für Touristen und Besucher nahezu unmöglich sei, dafür Eintrittskarten zu erhalten. Grigori Fjodorowitsch schaffte es. Er muss die Kanäle gekannt haben. Überhaupt muss er Unsummen für Jan ausgegeben haben, von einer Beteiligung wollte er, ihn bestimmt, sogar wirsch abweisend, nichts hören. Und das setzt sich noch fort.

Jedenfalls sah man in dieser Rüstkammer unglaublichen Pomp und Reichtümer der angewandten Kunst Russlands. Für Jan waren insbesondere die jakutischen Diamanten sowie der berühmte »Orlow«, Juwelen und die einmaligen anderweitigen Edelsteine von Interesse. Ebenso die gewaltigen Gold-Nuggets sowie nur dort gesehen, ein großformatiger Platinklumpen von mehrere Kilogramm Gewicht.

Der Abschied von dieser Reise mit den für den jungen Jan kaum zu verarbeitenden Impressionen, nahte und mit ihm gab es noch eine Überraschung. Jan beging dort seinen 26. Geburtstag, was Prof. Krascheninnikow, sicherlich problemlos erfahren hatte, vielleicht auch zufällig. Jedenfalls holte er aus dem Kofferraum des »»Wolga«-Taxis am Flughafen Scheremetjewo, es ging retour also nicht mit der Bahn, ein koffergroßes Gepäckstück hervor und übergab es ihm als Geschenk. Es war sorgfältig in Sackleinen verpackt und wog so geschätzte fünfundzwanzig Kilo. Das dadurch entstandene Übergepäck begleich er auch.

Er nannte Jan den Inhalt, erklärte auch warum, er sollte es aber erst zu Hause aufmachen, woran er sich hielt und verabschiedete sich mit sichtlicher innerer Bewegung. Jan bemerkte das sehr wohl und auch er war nach all den echt herzlichen Zuwendungen nicht frei davon.

Doch dieses Auspacken zog sich hin. Warum? Die sowjetische Iljuschin erhielt in Berlin keine Landeerlaubnis, der Flughafen Berlin-Schönefeld wurde der

Schneemassen, ungewöhnlich so Ende November, nicht Herr. Auf dem nächstgelegenen Flugplatz in Dresden gab es die gleiche Situation. Nun ging es gezwungenermaßen noch weiter nach Süden, bis Prag-Ruzyne. Von dort zum Hauptbahnhof Praha hlavni nadrazi – knapp zwanzig Kilometer entfernt – und mit dem Fernzug, wieder der Vindobona, über Dresden nach Berlin. Man bedenke, immer dabei, war das zweite schwere Gepäckstück.

Beim Halt in Dresden kamen natürlich Erinnerungen an den erzwungenen Zugwechsel zwei Jahre zuvor auf. Aber mit den restlichen Rubel in der Brieftasche hatte Jan nichts zu befürchten. Am Ostbahnhof in Berlin fand er nach einiger Wartezeit ein Taxi – es lag tatsächlich, unglaublich für Berlin in einem November, etwa ein halber Meter Schnee. Dort, wo das Übergepäck seinen Anfang genommen hatte. Grigori Fjodorowitsch hatte bei seinem Besuch den primitiven gusseisernen Ausguss in der Küche bemerkt und wollte uns helfen. Das Geschenk zum Geburtstag war ein Waschbecken, aus englischem Porzellan, weiß, groß, massig und schwer.

Jan und seine Käte registrierten das dankbar, freuten sich aber zunächst – sie waren ja erst etwa drei Monate verheiratet – an einer Flasche sowjetischen Sekts der Marke Sladkoe. Als wenn ein Englein auf die …

Den Kaviar gab es später.

Noch Jahre danach, als Jan seiner damaligen Kollegin Dr. Anja aus Jakutien bei der gemeinsamen Meeresforschung der DDR öfter begegnete, fragte sie mit ihrem russischen Akzent stereotyp: »Nun, was macht Waschbecken?«

14 Unerwartet – Kongress in Großbritannien

Jans Doktorvater förderte ihn weiterhin. Als Mitglied in zahlreichen hochrangigen wissenschaftlichen Gremien, etwa im Forschungsrat und der Akademie der Wissenschaften der DDR, hatte er Einfluss und Beziehungen, um seine Vorstellungen zu realisieren. Seine Kontakte zu sowjetischen Fachkollegen, als angewandter Geologe, der er war, müssen besonders eng gewesen sein, er berichtete oftmals davon, etwa von der Gastfreundschaft sowie dem Entgegenkommen bei Exkursionen und Befahrungen von Bergwerken in diesem Riesenland. Den Studenten und Aspiranten erzählte er gelegentlich, dass er bei der Äußerung des Wunsches den Weltraumbahnhof Baikonur besuchen zu dürfen, sei ihm das freundschaftlich, aber sehr bestimmt verweigert worden, was er verständnisvoll akzeptierte.

Prof. Kautzsch, bürgerlich-kirchlicher Herkunft, einer seiner Söhne war evangelischer Pastor geworden, war parteilos. Das soll prononciert angeführt werden, wenn es um unseren Jan geht. Der war, als er Doktorand wurde, junger Genosse. Ein Umstand, der ihm beinahe zum Verhängnis wurde und dann wäre eine akademische Laufbahn passe gewesen, ehe sie richtig begonnen hatte. Es gab ernsthafte Einwände eines älteren Mitarbeiters mit der Begründung, Jan wäre – wir sind Mitte der sechziger Jahre – der Einzige im Lehrkörper, in diesem aber noch an unterster Stelle, der der Einheitspartei angehöre. Prof. Kautzsch soll diese Bedenken weggewischt haben.

So kam es, dass Jan, als junger Wissenschaftsgeselle, die Diplomarbeit war in dieser Richtung ausgelegt gewesen, die unglaubliche Gelegenheit erhielt, an einer internationalen Tagung seines noch zu entdeckenden Fachgebiets, der Sedimentologie, teilzunehmen. Es war der VII. Internationale Sedimentologen-Kongress und er fand in Reading und Edinburgh in Großbritannien statt.

Um dorthin zu gelangen, brauchte er zuerst einen speziellen Pass, der normale DDR-Pass galt hierbei nichts. Dann brauchte der Jan ein Visum für das UK. Der Reisepass musste beim sogenannten Travel-Office, offiziell »Allied Travel Office (ATO)«, in Westberlin beantragt werden. Das britische Visum erhielten DDR-Bürger im englischen Konsulat, genauer: beim British Visa Office, nach Erledigung einiger Formalitäten ebenfalls in Westberlin.

Diese ATO war ein ganz zeitgeschichtlich typisches Amt. Nach dem Weltkrieg von den drei westlichen Besatzungsmächten gegründet, bestand es immerhin bis 1970, weil man dem Alleinvertretungsanspruch der BRD stattgab. DDR-Deutsche waren de facto staatenlos oder eben »unbefreite« Bundesbürger. Für Jan ist es das Jahr 1967, also noch voll innerhalb der Wirkungszeit dieser für DDR-Bürger diskriminierenden Behörde. Jahre später, als Jan zu einer Studienreise in den Niederlanden war, konnte er mit dem zwischenzeitlich anerkannten DDR-Pass reisen. Dieses Travelboard stellte für Staaten die Pässe aus, die die DDR nicht anerkannten. Das waren bis 1970 die meisten westlichen Länder, danach änderte sich Anfang dieses Jahrzehnts dann grundlegend, deshalb in diesem Jahr auch die Schließung dieser dubiosen Behörde.

Es war ein wirksames Instrument der bekannten und konsequent praktizierten Hallstein-Doktrin, deren ideologisches Herzstück der Anspruch der BRD für die Alleinvertretung aller Deutschen war, also auch jener aus der DDR. Vergleichbar etwa den heutigen Sanktionen von EU-Staaten gegenüber nicht nach ihrer Pfeife tanzenden, missliebigen Staaten. Aber es war im Kalten Krieg, neben der Schikane für DDR-Deutsche, noch viel mehr. Es war ein Werkzeug zur Überwachung der ostdeutschen Reiseaktivitäten, ein Spionageinstrumentarium. Wer stellte aus der DDR die Anträge? Handelskaufleute, bekannte Sportler, verdiente Künstler und Wissenschaftler zur Teilnahme an Kongressen. Waren es ranghohe politische Repräsentanten des ostdeutschen Staates, mit unterstellter und gewiss auch gegebener politischer Absicht, konnte der Antrag, so erinnert sich Jan, hinausgezögert oder gar abgelehnt werden. Und das entschied dann sogar eine Nato-Behörde.

Das hatte der junge und diesbezüglich unbeschriebene Jan eo ipso nicht zu befürchten und so kam es auch. Beim zweiten Besuch, nach vier Wochen, erhielt er den grünen Pass sowie das britische Visum. Er hat ihn heute noch, ein unikales historisches Dokument. Da hatte er und war er bei der Einreise in Großbritannien für die Grenz- und Zollbeamten bei Vorlage dieses Dokuments (wörtlich als Aufdruck): Vorläufiger Reiseausweis An Stelle Eines Passes Für deutsche Staatsangehörige, mit der handschriftliche Anmerkung »presumed german«, also ein vermutlich Deutscher.

An dieser Demütigung konnte auch die Tatsache nichts ändern, dass bei den Fahrten nach Westberlin die Reiseaspiranten aus Ostberlin mit dem tschechischen Tatra 603 die Grenze passierten und in der Elsholzstraße 32 vorfuhren. Das war damals ein formschöner Nobelhobel der Oberklasse in den Oststaaten, Jans Direktor fuhr ihn privat. Gekauft von der Geldprämie für den Nationalpreis der DDR, wie er später, nach der vorzeitigen Emeritierung, bei einem Kaffee-Nachmittag in seinem Haus in Berlin-Wendenschloss, mitteilte.

Aus den gefühlten tausend Eindrücken in Großbritannien, die diesen jungen Mann wie ein Tsunami überschwemmten, sollen zwei Aspekte, außerhalb der

Geologie, favorisiert werden. Betont werden soll aber zuvorderst: Für Jan gab die Teilnahme an dieser internationalen Tagung einen enormen motivierenden Schub, zumal er noch ziemlich am Anfang der Forschungsarbeiten zur Dissertation stand, sich aber in der eingeschlagenen Richtung, messtechnisch und der Anwendung erweiterter mathematischer Statistik, bestätigt fand.

Die DDR-Delegation war klein, ganze drei Personen, sie musste aber einen offiziellen Leiter haben. Der hieß Dr. Rudolf Meier, der spätere Prof. Meier der Akademie der Wissenschaften, am Zentralinstitut für Physik der Erde, in Potsdam. Damals war er wissenschaftlicher Mitarbeiter in Prof. Kautzschs Institut der HU Berlin, später dann involviert in die Antarktisforschung der DDR. Der dritte Mann, Dr. Falk, kam von der AdW-Außenstelle in Jena. Alle drei waren Sedimentologen, aber verschieden subspezialisiert.

Und Dr. Meier musste tatsächlich aktiv werden und sozusagen die staatlichen Interessen der DDR während dieser Tagung einfordern. Und das sah damals so aus.

Knapp fünfhundert Wissenschaftler aus 41, später dann 42 Staaten, aus aller Welt also, waren nach England gekommen. Wie das? Zum Abschluss dieses großangelegten Kongresses war eine Teilnehmerliste mit Zuordnung zu den jeweiligen Staat erarbeitet und verteilt worden. »Deutschland« war mit über dreißig Wissenschaftlern aufgeführt, die DDR hingegen gar nicht.

Dagegen legte Dr. Meier erfolgreichen Protest bei der Tagungsleitung ein. Der Vorsitzende, ein Dr. Lees aus UK, entschuldigte sich und wenige Stunden später wurde eine Ergänzung herausgegeben und ausgehängt mit korrekter Staatenbezeichnung und »full members«: Federal Republic of Germany: 28 und German Democratic Republic: 3.

Aus Gesprächen mit englischen Kollegen hörten wir heraus, dass diese Integration zu Germany von der Kongressleitung keineswegs politisch motiviert war. Die Realität zweier deutscher Staaten wurde eigentlich als gegeben hingenommen und fand Akzeptanz, auch der Einspruch. In Gesprächen mit den westdeutschen Kollegen hörte sich das gänzlich anders an, besonders bei jenen, die vor einigen Jahren eine fundierte Universitätsausbildung in DDR-Hochschulen durchlaufen hatten und danach skrupellos »abgehauen« waren. Davon gab es gar nicht wenige.

Eine total unerwartete Begegnung hatte der Jan in Edinburgh, in Schottland, wo der zweite Teil der Tagung stattfand. Die Vorträge in den verschiedenen Sessionen fanden parallel statt, so dass man interessengemäß aussuchen musste. Jan hatte noch keine vortragsreifen Forschungsergebnisse – das war ein Jahr später anders – er konnte sich die Präsentationen auswählen, ohne gestresst an die eigene zu denken. Die Darstellung in Form von Postern gab es damals noch nicht. Die Auswahl betraf jene Vorträge, bei denen er dachte, direkt oder auch indirekt etwas profitieren zu können. Dazu gehörte der von H. A. Einstein zum Thema: »Deposition of suspended particles in a gravel bed«. Zwar traf dieses Thema nicht komplett sein Forschungsgebiet, aber es war ein Prinzip von ihm, sich links und rechts zu informieren, etwas nahm man immer mit.

Es war ein kühler Sommerabend im Studentenheim der Universität Edinburgh, wo die Tagungsteilnehmer recht spartanisch untergebracht waren. Übrigens ähnlich bescheiden war der Empfang der Royal Society der Stadt, mit Dudelsackmusik, saurem Wein und fadem Käsegebäck. Das war in Reading zuvor entschieden opulenter ausgefallen.

Man hatte den Kamin angeheizt und an ihm traf Jan unvermittelt auf Prof. Hans Albert Einstein. Er hatte ihn beim Vortrag gesehen und am Revers fand er es bestätigt. Er sprach mit einem der Söhne des Welt-Genies Albert Einstein. Irre. Vergleichbar wohl mit Kepler, Galilei oder Newton im Mittelalter. Die Außergewöhnlichkeit dieser Situation wurde ihm eigentlich erst danach bewusst.

Ein Mann so Anfang bis Mitte sechzig, plauderte in Englisch munter drauf los, zunächst allgemein, dann auf Nachfrage von Jan zum Thema Gesteinstransport in Flüssen, damit hatte Jan in seiner Dissertation im weiteren Sinne zu tun. H. A. Einstein war immerhin Professor für Hydraulik an der California-Universität in Berkley, schon damals eine Spitzenuniversität. Der US-amerikanische Forscher kam aus der ingenieurtechnischen Richtung und untersuchte damit geologisch-sedimentologische Fragestellungen. Genau das, was auch Jans Aufgabe war: Messtechnik und Anwendung auf Gesteinsmerkmale. Darauf wird in einer weiteren Geschichte eingegangen.

Das Gespräch verlief zunächst freundlich und unverbindlich, Einstein berichtete über seine labortechnischen Animationen zur Darstellung der Prozesse, die unter Einwirkung des Wassertransports zu Veränderung der Sedimentpartikel am Flussbett führen. Auch über seine Schul- und Jugendjahre in der Schweiz, genauer in der deutschsprachigen Schweiz, in Zürich. Er musste also die deutsche Sprache beherrschen, keine Spur davon im Gespräch, ausschließlich konsequentes Englisch wurde demonstrativ gesprochen.

Unvermittelt brach er das locker geführte Gespräch ab und ging grußlos davon. Jan blieb ziemlich perplex und ratlos zurück. Prof. Einstein hatte natürlich am unvollkommenen Beherrschungsgrad der englischen Sprache durch Jan gemerkt, dass der kein Muttersprachler war. Und Jan hatte seine ostdeutsche Herkunft dabei nicht verleugnet.

Dass es diese war, glaubt er heute nicht, er hat danach noch viel darüber nachgedacht und sich informiert. Immerhin hatte er zu keinem unbekannten Nobody Kontakt gehabt. Eher, dass Jan überhaupt ein Deutscher war, ist logischer anzunehmen, da sein zionistischer Vater 1933 vor den deutschen Nationalsozialisten aus Deutschland emigrieren musste. Die grundlegend antifaschistische Haltung der DDR, im Gegensatz zu den westlichen Nachbarn, wird er ggf. nicht gekannt oder in dieser Situation nicht bedacht haben.

Im Gespräch hatte Jan für einen Moment, ganz kurzzeitig, die fast wahnsinnige Hoffnung, ob der Ähnlichkeit der Forschungsrichtungen, dass er ggf. dorthin eine Einladung an dieses berühmte Forschungsinstitut, erhalten könne. Doch das hatte sich abrupt erledigt, das Gegenteil war eingetreten. Vielleicht lag ein Grund darin, dass der Sohn zu seinem weltberühmten Vater, dem physikalischen Genie des 20. Jahrhunderts, sagen wir vorsichtig, nachgewiesenermaßen atmosphärische Störungen hatte.

Vom Weltgenius Einstein existieren unzählige Anekdoten, eine davon war, dass er auf eine entsprechende Frage hin geäußert haben soll, dass für ihn die Geologie als Studienobjekt zu kompliziert sei. Wenn es denn stimmt, Jan könnte ihm, auch aus heutiger Sicht, voll beipflichten.

Diese ganze England-Story, aber sie war weitaus mehr, endete mit dem Rückflug mit der polnischen LOT von London nach Berlin, die die gesamte DDR-Delegation von drei Personen komplett, was nicht die Regel war, zurückbrachte.

Für Jan begann nach diesem Höhepunkt eine unerwartete Tiefphase, ein Einschlag, der die Lebensweiche verstellte.

15 Ein verhinderter Weltkongress im Kalten Krieg

Wenige Tage nach der Rückkehr mahlten bereits die Mühlen zur Zerschlagung der universitären Geologie an der Humboldt-Universität in Berlin und anderen Universitätsstädten. Ein Paukenschlag.

Das störte ihn psychisch ungemein, da er die Summary, also die Zusammenfassung eines Vortrags für den XIII. Internationalen Geologen Kongress in Prag, der 1968 dort stattfinden sollte, noch im Jahr zuvor abgeben musste. Er war angemeldet und erhielt die Teilnahmebestätigung. Doch daraus wurde nichts.

Gemeinsam mit einem Techniker im Berliner Institut, Herrn Maschinenbauermeister Karl-Heinz Richter und Ingenieuren des VEB Werkstoffprüfmaschinen, in Leipzig, wurde ein Messgerät entwickelt, dass die Gestalt von Mineralkörnern quantifiziert bestimmen ließ. Dieser Morphometer funktionierte auf elektronisch-elektromechanischer Basis – das digitale Zeitalter war noch weit weg – und war auf diesem Gebiet eine gänzlich neuartige methodisch-gerätetechnische Entwicklung. Erste Messreihen an Partikeln von Flusssedimenten waren erfolgreich verlaufen. Jan und sein Techniker-Kollege sollten dieses Gerät mit den Möglichkeiten der Anwendung in den Geowissenschaften auf diesem Kongress vorstellen. So die Idee und der Auftrag von Prof. Kautzsch. Eine sehr anspruchsvolle Geschichte für den jungen Mann, aber auch gleichzeitig eine riesige Chance für den Nachwuchswissenschaftler. Denn die globalen Geo-Kongresse galten als Olympische Spiele der Geowissenschaften. Nicht nur wegen des Abstands.

Er wurde seit 1878 im Abstand von vier bis fünf Jahren ausgerichtet. In neuerer Zeit fand er 1960 in Kopenhagen und 1964 in New Delhi statt. Jans Doktorvater war jeweils dabei. Dieses internationale Forum in Prag sollte etwa viertausend Teilnehmer aus siebzig Ländern haben (die offiziellen Zahlen gehen etwas auseinander, wohl den nachfolgend genannten Ereignissen in Prag geschuldet). Aus der DDR waren es zunächst etwa sechzig. Jan war einer von ihnen. Wenige Wochen vorher erhielt er eine Ausladung, zuvor waren viele Kongressunterlagen postalisch bei ihm eingegangen, bis hin zur Unterkunft.

Es gab einen Beschluss des ZK der Einheitspartei vom Mai 1968 zu strengeren Maßstäben bei der Auswahl der Teilnehmer. Er war aber mit seiner Absage in »guter« Gesellschaft, bereits gestandene und renommierte Fachkollegen, wie etwa Prof. Krutzsch, gehörten auch dazu. Jan hatte bei ihm noch vor wenigen Jahren Vorlesungen besucht, in Studentenkreisen trug er den Beinamen »Sporen-Ulbricht«. Zurückgehend auf seine Fachspezifizierung als Paläobotaniker sowie dem Kinnbart des Staatsoberhauptes, Walter Ulbricht. Als kleiner Aspirant hatte er, wenn auch mit Vortrag, keine Chance. Wieviel letztlich übrig blieben, also tatsächlich teilnahmen, konnte Jan nie so richtig eruieren, was ihm dann ziemlich egal war.

Was war geschehen? In der Nacht vom zweiten zum dritten Kongresstag im August 1968 kam es zur militärischen Intervention sowjetischer Truppen in Prag. Im Westen als »Prager Frühling« und »reformkommunistische Bewegung« kolportiert und von tschechischen Kollegen mit dem Einmarsch Nazi-Deutschlands 1938, also dreißig Jahre zuvor, verglichen, was insofern nicht zutraf, als kein DDR-Soldat an der konzertierten Aktion des Warschauer Paktes aus eben diesem Grunde beteiligt war.

Die Umsturzbemühungen hatten bereits Anfang des Jahres 1968 begonnen, mit dem Führungswechsel in der Kommunistischen Partei von Nowotny zu Dubcek. Ein Sozialismus mit »menschlichem Antlitz« war die generelle Überschrift. Jans älterer Bruder, der durch seine tschechischen Sprachkenntnisse zu Forstkollegen in Böhmen noch genauere Informationen erhielt, war ein begeisterter Dubcek-Anhänger. Jan war zunächst unentschieden, zumindest skeptisch.

Hier drängen sich geradezu Vergleiche zu den Vorgängen 1989/90 in der DDR auf. Überzeugte Sozialisten, bewusste Mitglieder der Staatspartei, Jan war einer von ihnen, forderten zurecht einen »besseren Sozialismus« ein, nicht seine Abschaffung. Was kam heraus? Ein schlechter Kapitalismus, was aber nicht jeder weiß. Aber der Sozialismus war ganz weg. Es ist deshalb durchaus zu vermuten, dass damals 1968 ohne die »Bruderhilfe der UdSSR« die Tschechoslowakei bereits über zwanzig Jahre früher zum kapitalistischen Staat geworden wäre. Ob zweistaatlich? Vermutlich ja oder auch nicht, wie später nachgeholt.

Nochmals zurück zur 68er-Tagung selbst, die von zahlreichen Nachfolgerinnen zeithistorisch, natürlich nicht geohistorisch, zugedeckt wurde. Zuletzt 2022 durchgeführt, wieder in New Delhi, aber infolge der Corona-Pandemie nur virtuell. Zu diesen zählten, wie fachspezifisch immer, Exkursionen vor und nach den Vorträgen. Zum Prager Kongress gehörten zehn geplante Exkursionen auf dem Gebiet des Nachbarlandes DDR, so etwa die im Erzgebirge und wie der Name sagt, auch zu ihrem Erzreichtum im Kontext mit den Gesteinen. Der damals sehr bekannte Freiberger Prof. Watznauer, Ordinarius für Lagerstättenkunde, sollte eine dieser Lehrveranstaltungen im Gelände für Zuhörer aus aller Welt leiten. Ob sie stattfanden, weiß Jan nicht zu berichten. Denn: Im Erzgebirge lagen zwei Divisionen der NVA der DDR in Bereitschaft. Eingegriffen haben die ostdeutschen Truppen nicht, übrigens nie. Mit Waffen der DDR-Armee wurden keine Kriege geführt, das sieht bei einem Blick Richtung Westdeutschland gänzlich anders aus. Es ist schon ein Paradoxon, wenn es nicht so grausam wäre, könnte man sagen, ein Treppenwitz der Geschichte, dass über 30 Jahre nach Auflösung der Nationalen Volksarmee der DDR ihre restlichen Waffenbestände für einen neuerlichen Krieg verwendet werden. Und nicht irgendeinen. Waffen der früheren DDR, eventuell sogar in der UdSSR gebaut, richten sich gegen den Nachfolgestaat Russland, von der Ukraine aus!

Ein unsagbar scheußlicher Krieg zwischen ehemaligen Bruderländern. Denn Russland und die Ukraine waren als tragende Säulen der Union der Sozialistischen Sowjetrepubliken bis 1991 ein Land.

Und wieder ein Beispiel für das vermutlich römische Prinzip »teile und herrsche«, in geschickter westlicher Handhabung, hat bestens funktioniert. Divide 1991 und impera 2022. Kriege als Fortsetzung der Politik mit anderen Mitteln - zurückgehend auf den preußischen Generalmajor Clausewitz – war schon immer ein probates Herrschaftsinstrument kapitalistischer Staaten. Die Durchsetzung dieses Prinzips durch die USA – Jan denkt gezielt – ergab aus einem (zu) riesigen sozialistischen Land zwei kapitalistische Lander, die sich dreißig Jahre nach der Trennung blutigst befehden. Das zuvor jüngste Paradigma: Jugoslawien. Schlussstrich für den jungen Jan. Ihr eingangs genannter Gemeinschaftsvortrag »Morphometrische Kornanalyse unter Anwendung elektromechanischer-elektronischer Gerätetechnik« für diese Olympischen Spiele wurde wenigstens im Abstract-Band, obwohl nicht gehalten, der Tagungsunterlagen unter Sektion 13, S. 346, offiziell abgedruckt.

16 Wissenschaftliche Auszeichnungen

Die Messgeräteentwicklung hatte entschieden zu lang gedauert, fast zwei Jahre der auf drei Jahre bemessenen Aspirantur benötigte sie. So ist das mit Funktionsmustern. Jan hatte bereits berechtigte Sorge. Ein Jahr konnte man mit Antrag verlängern. Ohne diese Technik wäre die Promotion hinfällig geworden. Es stand auf des Messers Schneide.

Mit einem Übermaß an Zeitaufwand, versuchte er die verlorene Zeit aufzuholen. Zehn bis zwölf Stunden am Tag waren über viele Monate und etwa zwei Jahre normal. Dazu kein Wochenende, kein Jahresurlaub, Durcharbeiten an allen Feiertagen, Weihnachten, Neujahr und Ostern oder 1. Mai eingeschlossen. Seine junge Käte trug das alles ohne Murren, gar Vorwürfe, mit. Sie war im Endspurt ihres Medizinstudiums und damit kaum weniger eingespannt. Jan hat das mal überschlagen, um nur eine Zahl zu nennen, so etwa fünfundzwanzigtausend Mineralkörner wurden gemessen. Bei einer reinen Messdauer von etwa zwei Minuten pro Korn.

Na, jedenfalls wurde diese Dissertation abgeschlossen. Mit übermäßig langer Bearbeitungsdauer, sechs Jahre hatte er gebraucht. Aber mit welch glänzendem Ergebnis! Alle drei Gutachter hatten mit den besten Noten votiert. Nur die Note zum Marxismus-Leninismus war etwas niedriger. Das gehörte damals zu den Promotionsverfahren. Jan hatte dagegen nicht moniert, was er gekonnt hätte. Diese sechs Jahre waren eine verdammt lange Zeit, nein, nicht noch länger.

Zwischenzeitlich war viel passiert, in der Geologie an der HU Berlin. Sie war als Studienfach liquidiert, das traditionsreiche Institut im Naturkunde-Museum in der Invalidenstraße aufgelöst, der Direktor, Jans Doktorvater, war zwei Jahre vor dem Emeritierungsalter in den Vorruhestand versetzt worden. Die recht zahlreichen Aspiranten durften ihre Dissertationen zu Ende bringen. Ein paar »Edelsplitter« der Geologie, ganze vier, wozu Jan gehörte, wurden in die Geografie der HU Berlin, die bestehen blieb, transferiert.

Gegen all diese tiefgreifenden strukturellen Veränderungen im Rahmen der 3. Hochschulreform der DDR hatte der Jan, er war als junger Genosse immerhin Mitglied des Fakultätsrates, ergebnislos gekämpft. Mental eigentlich bis heute. In Gesprächen nach 1990 mit westdeutschen Kollegen hatten diese kaum Verständnis für seine kritische Haltung. Wegrationalisierungen, Verkleinerungen, Einsparungen, Schrumpfungen jeglicher Art, Strukturkorrekturen eben, von oben angeordnet, seien im Bildungswesen bei ihnen im Westen Alltag. Damit müsse man leben und nicht dagegen auftreten.

Das Gutachten von Prof. Kautzsch enthielt sogar das Votum »Mit Auszeichnung« und im Text hieß es abschließend: »Man sollte dem Kandidaten Gelegenheit geben, eine Verallgemeinerung […] grundlegender Ergebnisse der hier vorliegenden Arbeit zu verfassen, für die er […] relativ leicht, auf dem hier vorliegenden Fundament weiterbauend, den Grad eines Doktors (B) der Wissenschaften erwerben könnte.«

Der andere Gutachter, der sehr geschätzte Kollege und Freund von Jan, Dr. Siegfried Chrobok, sprach davon, dass die Arbeit »auf dem Spezialgebiet der Morphometrie sedimentärer mineralischer und Gesteins-Partikeln absolute Weltspitze darstellt«. Der dritte schließlich, Doz. Dr. Bautsch, bescheinigte ihm »vergleichsweise auch im internationalen Maßstab eine Spitzenleistung«.

Diese kleinen Ritterschläge für die Dissertation A waren dann die Basis für den Erhalt des »Fichte-Preis«, I. Klasse der Humboldt-Universität Berlin, es ist ihre höchste wissenschaftliche Auszeichnung. Benannt nach dem Philosophen und ersten Wahl-Rektor, Johann Gottlieb Fichte 1811. Er wurde ab 1962 bis 1974 vergeben, danach in »Humboldt-Preis« umbenannt und wird, soweit Jan weiß, bis heute verliehen. 1972, zwei Jahre nach Jan, erhielt ihn der jetzige Prof. Joachim Sauer, ein Physikochemiker, der Lebenspartner der späteren deutschen Staatschefin, Dr. Angela Merkel.

Jan war wohl der einzige Geowissenschaftler überhaupt, der diesen Preis erhielt. Die feierliche Verleihung erfolgte im beliebten »Lindencorso«, im Dezember 1970 durch den damaligen Rektor, Karl-Heinz Wirzberger, Professor für Amerikanistik. Direkt an der berühmten Kreuzung Unter den Linden, Ecke Friedrichstraße« gelegen. Die neuen Machthaber und Bilderstürmer haben nicht nur in ihrem Wahn den Palast der Republik platt gemacht, sondern auch dieses Lindencorso. Heute steht dort – gewissermaßen symptomatisch für den neuen Primitivgeist – eine Autobude von VW.

Zum Lindencorso gehörte auch eine Nachtbar, die Jan und Käte bisweilen besuchten. Dort erlebte Jan das kleine Wunder, dass durch ein angemessenes Bakschisch in einer angeblich voll besetzten Nachtbar noch zwei freie Plätze herbei gezaubert werden konnten.

Gegenüber des Lindencorsos gab es in der Friedrichstraße einen »Delikat«-Laden, also ein wohl in den sechziger Jahren staatlich etabliertes überpreisiges Feinkostgeschäft. Als junge Leute in Berlin benutzten wir bedenkenlos die ironische Abkürzung für diese Art von Geschäften, galt auch für Läden des VEB Exquisit, als Uwubu. Soll heißen »Ulbrichts Wucherbuden«. Diese Geschäftskette war volkswirtschaftlich und auch innenpolitisch ausgesprochen sinnvoll.

Eine Flasche Bols Curacao für fünfzig Mark kaufte der Jan an diesem Tag im Anschluss, das war möglich, denn dieser Preis war mit fünfhundert Mark verbunden. Zusammen mit Käte und ihrem jüngeren Bruder Rolf, einem Physikstudenten in einem damals nur vierjährigen Hochschulstudium, fand in der Wohnung im Hinterhof, vierter Stock, ein lustiger Abend statt.

Dieser Bruder, knapp zwanzig Jahre später, wurde noch hinter Mauern, die er bisweilen beruflich in Richtung Genf durchbrach, ein habilitierter Physiker. Er gestand später, in einer von ihm verfassten großartigen Eloge an einem hohen runden Geburtstag 2019 von Jan, dass er nie so recht verstanden hat, wie man mit dieser Sandkörnerei Wissenschaft, die sich Sedimentologie nennt, machen könne. So ähnlich ging es dem Jan gedanklich, als er es hörte, mit den Schwarzen Löchern, irgendwo im Universum.

Das Lindencorso, in dem der Festakt stattfand, erwähnte Käte später immer wieder. Beim Betreten, irgendwann Anfang der siebziger Jahre, saß dort Gojko Mitic, ein bekannter und sympathischer serbischer Schauspieler, mit Maßen eines Dressmans, im roten Pullover und warf auf, um einen Fachbegriff aus der Jägersprache zu verwenden. Heißt so viel wie: er hob den Kopf, wurde aufmerksam, nahm Witterung auf. Nicht wegen Jan, wie man sich denken kann. Ähnliches passierte vor einem Exquisit-Geschäft Unter den Linden, Ecke Neustädtische Kirchstraße, da war es Dean Reed, der mit seiner Renate Blume, damals nicht weniger bekannte sogenannte Promis, als er aus einem Sportwagen stieg. Unmittelbar in der Nachbarschaft war die US-amerikanische Botschaft untergebracht. Hatte aber nichts mit dem Genossen Cowboy aus Colorado zu tun.

Diese Auszeichnung 1970 war zwar nur im Tropfenbereich Balsam auf die geschundene Seele, der durch die DDR-Reform nahezu abgewickelten universitären Geologie an der HU in Berlin. Aber sie war immerhin etwas. Jan hatte unglaublich unter ihr gelitten, alles hatte er eingebracht, wie auch, er war ein kleiner unbekannter junger Wissenschaftler. Und alles war umsonst.

Eine Reaktivierung dieses Fachs, nach 1990, hatte a priori schlechte Karten. Da gab es lediglich noch einen Anker, den 1980 berufenen parteilosen und 1976 zuvor habilitierten Dr. Siegfried. M. Chrobok. Er hatte jedoch keine Chance gegenüber den drei geografischen Dozenten, Hendl, Marcinek und insbesondere Nitz, sie alle fühlten sich mehr oder weniger als »Opfer der SED-Diktatur«, vielleicht teilweise zu Recht. Sie wurden nach 1990 sofort in eine Professur berufen, er, also Chrobok, offenbar gezielt, nicht. In Westberlin, also dem Stadtteil, der im Wettbewerb der Systeme vorerst gesiegt hatte, gab es dagegen an der Technischen Universität und mit der Freien Universität diese Geologie gleich doppelt als relevante Richtung der Naturwissenschaften. Also hatte die HU, wenn überhaupt angestrebt, im Museum für Naturkunde gab es letzte Relikte der früheren Relevanz mit paläontologischer Richtung, keine echte Chance.

Schauplatz der nächsten wissenschaftlichen Anerkennung ist dann schon die Universität Greifswald, im Jahr 1986. Dazwischen war echt viel passiert. Jan hatte mit Familie die Humboldt-Universität und die Hauptstadt Berlin schweren Herzens verlassen. Warum? Eine auf lange Sicht nicht lösbare Wohnungsproblematik, das hatten ihnen, auf entsprechende getrennte Eingaben hin, der damalige Oberbürgermeister, Herbert Fechner sowie der 1. Sekretär der Bezirksleitung Berlin, Konrad Naumann, wissen lassen. Hinzu kam die berufliche Perspektivlosigkeit für einen jungen promovierten Geologen an der HU Berlin. Die Wissenschaft Geologie als fünftes Rad am Wagen für Geografie-Lehrerstudenten, traditionell an der HU kombiniert mit Russisch oder Körpererziehung, nein, danke.

Ärzte wurden überall gebraucht, besonders Landärzte im Bezirk Rostock, mit dazu komfortablem Wohnraum. Jan hatte über sechs Jahre in einem staatlichen Forschungsinstitut Berlins, dem Zentralen Geologischen Institut, genauer geschrieben, seiner Außenstelle in Reinkenhagen, Kreis Grimmen, gearbeitet und war danach an der Ernst-Moritz-Arndt-Universität Greifswald in den Hochschulbereich zurückgekehrt.

Dieses, später aufgeblühte, Reinkenhagen war nicht durch diese ZGI-Außenstelle bekannt. Sondern viele Jahre zuvor war das Programm zur Erdölerkundung im Norden der DDR fündig geworden. 1961 gab es die erste Erdöl fördernde Bohrung in diesem vorpommerschen Nest. Das hatte sogar deutschlandpolitische Folgen, als die westlichen Prognosen zur geologischen Unmöglichkeit der Führung von Kohlenwasserstoffen auf DDR-Gebiet damit widerlegt wurden. Auch künstlerisch von Kurth Bartel (KuBa) verarbeitet. Sprach man vom Ort Reinkenhagen, im Volksmund Welterdöldorf genannt, dann besteht bis heute, nach vielen Jahrzehnten, immer noch die Assoziation zum Erdöl, nicht zur Meeresforschung irgendwo auf den Ozeanen. Alles wurde nach 1990 abgewickelt, was blieb, ist eine Museum zum Erdöl in diesem Ort, von engagierten Ehrenamtlern und Enthusiasten gegründet und am Leben gehalten und jährlich ums Überleben kämpfend.

Über eine B-Aspirantur habilitierte er sich und war 1985 Universitäts-Dozent geworden. Das Thema resultierte aus seinen Forschungsreisen mit dem FS »Alexander von Humboldt« in den Nordatlantik. Da ging es hauptsächlich, aber nicht nur, um den Rohstoff der Zukunft – heute immer noch – die Manganknollen aus der Tiefsee der Weltozeane. Überhaupt waren diese Jahre durch rege Expeditionstätigkeit, auch in der Ostsee, geprägt. Hier waren Kies und Sand die begehrten Rohstoffe, vielfach, bis auf den heutigen Tag, unterschätzt.

Diese Habilitations-Arbeit mit einem Thema aus vorderster internationaler geomariner Forschungstätigkeit gelang sogar in der vorgegebenen Aspiranturzeit von vier Jahren.

Die drei Gutachter von der Universität Greifswald (Prof. Steinich), vom ZGI Berlin (Prof. Hetzer) und vom IfM Warnemünde (Prof. Voigt) bewerteten diese B-Dissertation positiv, soll heißen sie nahmen die Arbeit an. Noten werden auf dieser höchst möglichen akademischen Ebene nicht mehr vergeben.

Jans B-Dissertation als Forschungsleistung mit dem Prädikat »Wissenschaftliche Höchstleistung« war von der Sektionsleitung und Befürwortung durch die Mathematisch-Naturwissenschaftlich Fakultät eingereicht worden. Vereinfacht gesagt, hießen die Institute zu Ostzeiten noch Sektionen. In einem feierlichen Festakt mit untermalender kleinorchestraler Musik in der renovierten Aula des Hauptgebäudes wurden die Forschungspreise der Universität – offiziell Ernst-Moritz-Arndt-Preise – vergeben. Der Tag war natürlich bewusst gewählt, ein Tag um den Nationalfeiertag der DDR im Oktober. Die Ehrung und Preisübergabe wurde vom Rektor der EMAU, Prof. Artur Bethke, vorgenommen. Magnifizenz, so spricht man die Rektoren an, war von Hause aus Nordistiker. Jan erhielt diesen neuerlichen Universitäts-Preis in der Stufe 2. Er war opulent mit anderthalbtausend Mark dotiert.

Zu den 1986 Geehrten gehörte auch ein Kollektiv der Zahnklinik der Universität, unter der Leitung von Oberarzt Dr. S. Ihm begegnete Jan per Zufall viele Jahre später, schon tief in den nicht mehr neuen Westzeiten. Jan erkannte und sprach ihn an. Im gedanklichen Austausch kam man auch auf diese weit zurückliegende Preisverleihung. Dabei hatte Jan den Eindruck, dass es dem Zahnmediziner peinlich war, darüber zu sprechen. So sinngemäß, »man war ja nur in der

Gruppe und überhaupt waren es andere Zeiten, man konnte sich ja nicht wehren und so«. Hat er sich geschämt, eine wissenschaftliche Auszeichnung zu DDR-Zeiten erhalten und angenommen zu haben? Jan verstand das nicht, jetzt wurde es ihm peinlich und er verabschiedete sich rasch.

Einen weiteren Wissenschaftspreis für Jan gab es dann von der berühmten Senckenberg-Gesellschaft für Naturforschung in Frankfurt am Main, gemeinsam mit einer früheren Studentin, Frau Dr. F. Doch dieser liegt weit außerhalb jenseits der Mauer, in Postmauerzeiten, sogar einige Jahre nach der Emeritierung.

17 Mit Geografie-Studenten in Polen

Jan schreibt das Jahr 1972. Immer noch Berlin und immer noch Sektion Geografie. Als Stellvertreter des Stellvertretenden Direktors für Erziehung und Ausbildung, der er nach der Graduierung geworden war sowie vorher bereits als Seminargruppenberater eines Studienjahres von Lehrerstudenten der Fächer Geografie und Russisch, war er hauptsächlich mit daraus resultierenden Betreuungsaufgaben befasst. Viele Jahre später, zu Westzeiten, wurden aus diesen jungen Leuten sogenannten Lehramtsstudenten, was Jan in der Namengebung nie so recht begriff. Aber neues System hieß neue Regeln, hauptsächlich entschieden mehr Bürokratie. Egal, die Forschung war damals, unabhängig davon, jedenfalls weit weg.

Er wurde als Betreuer für ein, in Berlin seltenes Diplom-Studienjahr, zum Austausch mit der Universität Warschau ausgewählt. Für drei Wochen im September. Zuvor waren im Sommer polnische Studenten an der HU Berlin gewesen, die er ebenfalls betreute. Berlin sowieso, Potsdam etwa und Quedlinburg standen auf dem Programm.

Nun zehn DDR-Geografie-Studenten auf einer Auslandsexkursion als Gast des Germanistik-Instituts an der Warschauer Universität. Die Betreuerin war Dr. Wanda Wiktorowicz, eine perfekt deutschsprechende polnische Germanistin. Die Exkursionen waren hauptsächlich städtegeografisch ausgelegt und führten neben der Hauptstadt in den südlichen Landesteil. Krakow, Wieliczka, Zakopane und Oświęcim, also Auschwitz, standen auf dem Programm.

Diesen Tag hätte es in Jans Leben nicht geben dürfen. Als tiefemphatischer Mensch nahm er das vergegenständlichte Grauen in sich auf und war kaum noch Herr seiner Sinne. Nicht zuvor und nicht danach hat er je wieder derartig impressiv das systematische Töten es deutschen Faschismus unmittelbar in sich aufgenommen. Noch heute ist er beim Gedanken daran »nah am Wasser gebaut«.

Am Eingang mit dem ebenso weltbekannten wie berüchtigten »Arbeit macht frei« über dem Tor kaufte Jan einen angemessenen Blumenstrauß, um ihn als winzige Geste des Gedenkens und der Trauer im Namen der deutschen Studentengruppe zu Ehren der Toten, unter ihnen zahllose Polen, niederzulegen. Da wollte sich doch tatsächlich die Wanda in ihrer freundlichen Art an der Bezahlung beteiligen. Das machte die ohnehin schon große persönliche Scham als Deutscher in dieser Minute noch größer.

Wir hatten diese Gedenkstätte mit dem Zug von Krakau aus erreicht und fuhren damit auch wieder zurück. Diese drei Stunden waren physisch sowieso belastend. Jedoch auch psychisch. Kaum hatte sich der Zug in Bewegung gesetzt, fielen alle jungen Leute nach kurzer Zeit in den Schlaf, Jan erging es kaum später ebenso. Keiner hatte ein Wort gesprochen, jeder suchte für sich dieses grauenhafte Erlebnis zu verarbeiten.

Eine Station dieser Auslandsexkursion war für Jan besonders interessant, da sie unerwartet geologisch, also naturwissenschaftlich, ausgelegt war. Gemeint ist das unweit von Krakau südlich gelegene Wieliczka, genauer gesagt sein Salzbergwerk. Es liegt im nördlichen Karpatenvorland und unter ihm, so bis in vierhundert Meter Tiefe, liegen relativ geologisch junge Salzgesteine. Etwa nur fünfzehn Millionen Jahre alt, so kurz vor Zwölf auf der geologischen Zeituhr. Jene in Deutschland sind mehrheitlich fast zwanzigmal älter.

Aber das interessiert eigentlich nur den Fachmann. Den Touristen wurden in Tiefen bis einhundert Meter damals wie heute dort unten wahre Kunstschätze zum Schauen und Staunen angeboten. In Steinsalz regelrecht geschnitzte Skulpturen, dem bekannten polnischen Katholizismus geschuldete Statuen, Altäre, sogar ganze Kirchen in oder aus Salz geformt. Alles sukzessive entstanden und erweitert, nachdem der Bergbau Anfang der sechziger Jahre beendet wurde. Große Salzkavernen werden für Heilzwecke an Atemwegserkrankungen leidender Patienten genutzt. Einige Jahre nach dem Besuch durch die Studenten aus Berlin wurde der Wieliczka-Salzkomplex UNESCO-Weltkulturerbe.

Wesentlich weiter als Wieliczka war Zakopane von Krakau entfernt, der südlichste und letzte Exkursionsort. Nahe der slowakischen Grenze liegt sie, die heimliche Hauptstadt der Hohen Tatra. Bereits damals ein bekannter Wintersportort. Von hier aus startete Jan mit seiner Familie Mitte der siebziger Jahre im Winter und im Sommer in das »kleinste Hochgebirge« Europas. Die Anfänge wurden durch die leitende Frau Wanda auf dieser Auslandsexkursion gelegt. Sie vermittelte ein dortiges Privatquartier in einem ansehnlichen Haus im Goralenstil. Diese Urlaube waren im Winter fast umsonst, denn Jan bezahlte das Quartier jeweils mit seiner Skiausrüstung, die er mitgebracht hatte und kaufte sie sich zu Hause neu.

Als Germanistin war Frau Wanda sehr an DDR-Literatur interessiert. Insbesondere hatten es ihr die Werke von Volker Braun angetan, zusammen mit Heiner Müller und Peter Hacks die angesagtesten Schriftsteller und Dramaturgen nach Bertold Brecht. Zielgerichtet versuchte sie in den Jahren danach über Jan bestimmte Werke von ihm zu bekommen. Es gelang ihm aber nicht. Ziemlich unvoreingenommen versuchte er ihr zu helfen, ohne zu ahnen was der eigentliche Hintergrund war. Jan wurde lediglich etwas hellhörig, als ein Umstand eintrat, der bis heute von den westlichen Medien hochgejubelt und zum Hype stilisiert wurde. 1976 gab es die Affäre um den Liedermacher Wolfgang Biermann. Die Protestresolution einiger sehr bekannter Angehöriger der künstlerischen Intelligenz der DDR gegen dessen Ausbürgerung trug als Mitunterzeichner auch den Schriftzug von Volker Braun. Gab es da eine Verbindung? Waren die Wanda und ihr Ehemann, er ebenfalls Germanist, Anhänger erster, früh aufkommender Solidarnosc-Gedanken? Jan wird es nie erfahren, die Verbindung verlor sich mit den Jahren.

Post festum hat Jan diese damalige Haltung von Braun, als er 1990 sein berühmtes Gedicht »Das Eigentum« schrieb, nicht verstanden. Jan hatte Biermann Ende der sechziger Jahre als Gast im Kabarett »Die Distel« erlebt und ihn als ziemlich grobschlächtig und ordinär empfunden. Irgendwas vom pflügenden Bauern in Prenzlau trug er vor. Dieses Gedicht von Volker Braun, an anderer Stelle von Jan Josef thematisiert, war für ihn in schwerer Stunde, als er ins Paradies vertrieben werden sollte und wurde, aber partout nicht wollte, zur moralischen Stütze geworden. Zu West- wie zu Ostzeiten war Volker Braun mit hohen Preisen versehen. Jan war irritiert und ist es immer noch.

18 Nahe am Bermuda-Dreieck

Nahezu jeder, der sich für die Schifffahrt und die Meeresforschung interessiert, kennt die Gerüchte und Mysterien über das Bermuda-Dreieck im westlichen Nordatlantik. Schiffsuntergänge, Flugzeugabstürze und andere Unglücke mehr sollen dort gehäuft auftreten. Und Jan war Mitte der siebziger Jahre des letzten Jahrhunderts ganz nah dran. Mit dem DDR-Forschungsschiff »Alexander von Humboldt«, bereedert von der Akademie der Wissenschaften, wurde der südliche Nordatlantik geologisch untersucht.

Bei stürmischen Winden, Himmel grau, See grau und Stimmung unten, aber aufgewühlt, waren sie mit dem Dampfer über hundert Meilen und mehr nördlich der Bermudas forschend unterwegs, in der sogenannten Sohm-Tiefsee-Ebene, hatten Probe auf Probe vom etwa fünftausend Meter tiefen tischebenen Meeresboden geholt, sichere Manganknollen-Nachweise gelangen nicht, nur Anzeichen. Die seemännische Crew und auch die Wissenschaftler waren ziemlich ausgelaugt, schon wochenlang kein Landgang und das bei diesem depressiven Wetter. Alles atmete auf, es klarte auf, als man St. George auf den Bermudas anlief, bei strahlendem Pfingstwetter.

Manganknollen sind das Stichwort. Die kleine DDR beteiligte sich im Rahmen der RGW an den Rohstofferkundungen in den Weltozeanen. Alles vertraglich auf höchster Ebene vereinbart. Ja, warum nicht die kleine DDR? Jan war das Jahrzehnte danach mehrfach in Interviews gefragt worden. Die Geologie hatte in Deutschland eine jahrhundertealte Tradition, auch in der geomarinen Meeresforschung. Warum sollte man dieses Pfund dem westdeutschen Staat überlassen? Insbesondere der BGR, der Bundesanstalt für Geowissenschaften und Rohstoffe, Hannover, dem Pendant zum Zentralen Geologischen Institut, Berlin? Mit seiner Außenstelle für Marine Geologie im Norden der DDR. Wir waren ein eigenständiger Staat und das wollten wir auch auf diesem Sektor beweisen.

Manganknollennachweise waren also das Planziel, um mit damaliger staatlicher Rhetorik, besonders in den angewandten Wissenschaften, zu schreiben. Dass darüber hinaus auch grundlagenforschende Aspekte durch Jan Josef verfolgt wurden, muss nicht sonderlich prononciert werden, war zu erwarten. Und dazu hatte er auch die Möglichkeiten. Er hatte die internationale Literatur, die im dörflichen Institut gegeben war, sehr genau studiert. Große Hilfe dabei leistete die Bibliothek des Akademie-Instituts in Rostock-Warnemünde.

Neben den Erznachweisen sammelte er auch die sedimentologischen Tiefseedaten und weitere signifikante Angaben von Nachbarwissenschaften dieses Ozeanteils, westlich und östlich des sogenannten Mittelozeanischen Rückens, heute würde man Proxys sagen, während dieser und der zwei vorrangegangenen Nordatlantik-Expedition. Das betraf vornehmlich die Heranziehung des über den untersuchten Meeresböden liegenden riesigen Wasserkörpers, seine physiko-chemischen Parameter, also die Ozeanografie und auch die Geomorphologie der Ozeanböden. Jan brachte diese Parameter später mit erweiterter mathematischer Statistik in Verbindung zu den Wassertiefen der so wertvollen Ozean-Trüffel. Deshalb heißen sie umgangssprachlich so, insbesondere ihrer unerwartet flachen Tiefenlage und kam zu überraschenden Resultaten.

Nach vier sehr erholsamen Tagen auf der Hauptinsel der Bermudas, über dreihundert Inseln sollen sie insgesamt bilden, aber ehrlicherweise auch etwas wehmütig, wurden die Forschungsarbeiten weiter südlich im offenen Ozean fortgesetzt. Jan mit seiner Crew navigiert an der imaginären Ostbegrenzung des sogenannten Bermuda-Dreiecks. Das ist die gedachte geometrische Figur, wenn man Florida (Miami), Hamilton (Bermudas) und Puerto Rico (San Juan) miteinander verbindet.

Dann und dort geschah etwas, was auch danach nicht erklärbar war. Die Nacht war schwarz und sie war kurz. Die See war ruhig, fast TGS (tittenglatte See), wie die Seeleute diesen seltenen Zustand der Meeresoberfläche bezeichneten. Die Arbeitszeiten an Bord waren in drei Schichten geteilt, je acht Stunden. Nicht für den verantwortlichen Bordgeologen, der musste immer präsent sein und er wollte es auch. Er hatte sich am späten Abend in die Koje nach der letzten Station zurückgezogen, um wenigsten etwas zu schlafen. Mit der Maßgabe, ihn zu wecken, wenn nach ziemlich genau abgeschätzter Dampfzeit die nächste festgesetzte Untersuchungsstation angelaufen werden sollte.

Der Wachmatrose schüttelte ihn ziemlich kräftig am Arm in seiner Viermann-Koje. Etwas benommen, aber andererseits schon ziemlich wach, ging Jan zur Brücke. Der Uhrzeiger wird die zweite Stunde des neuen Tages angezeigt haben. Dort traf er den Wachoffizier und den Wachmatrosen in ziemlicher Anspannung. Ansonsten schlief alles unter Deck. Ein kurzer Blick auf den Radarschirm gab Auskunft. Der »Humboldt« näherte sich in großer Geschwindigkeit ein heller Lichtpunkt. Aus Sicherheitsgründen fuhr der Nautiker ein Ausweichmanöver und das vermutliche Schiff oder ein anderes marines Objekt verschwand vom Schirm.

Diese Beobachtung passte irgendwie, besser recht gut, zum nachfolgenden Ereignis. Erst gegen Morgen fand Jan bei wie immer geringer Schiffsgeschwindigkeit, sozusagen auf Stationssuche, einen geeigneten Beprobungspunkt anhand der Beurteilung der Morphologie des Meeresbodens mit dem Tiefseelot. Maschine stopp und los gings. Der Gerätetechniker und ein Matrose –

es war zwischenzeitlich fast Frühstückszeit – hievten mit Hilfe der Tiefseewinde das Gerät, ein fünf Meter langes Stechrohr, über die Reling. Es lag nun am Geschick des Windenfahrers, dass dieses Probenahmegerät, nicht zu schnell gefiert wurde, also nach unten, denn dann konnte sich die Stahltrosse nicht verdrallen, respektive in große Schlingen legen und das Stechrohr käme nicht senkrecht am hier etwa viereinhalbtausen Meter tiefen Meeresboden an. Geankert wird bei diesen Wassertiefen natürlich nicht. Nach der orografischen ozeanografischen Einteilung befand sich Jan mit seiner Forschungscrew im Nordamerikanischen Becken des südlichen Nordatlantiks, noch genauer: in seiner sogenannten Tiefsee-Hügelzone.

Es scheint ein gelungener Einsatz zu werden, ein mit einem Sedimentkern gefülltes Stechrohr. Langsames Hieven ist angesagt, also nach oben, um ja kein Stechrohr-Stahltrosse-Knäuel zu erzeugen. Die Wind-See-Bedingungen sind eigentlich bestens und alle erwarten eine erfolgreiche Probenahme. Kurz vor Erreichen der Wasseroberfläche, es fehlten noch etwa zwanzig Meter, fällt der Zeiger auf dem Zugspannungsgerät ruckartig auf Null. Nun war allen klar, eine Havarie. Der Windenfahrer zog schnell, also ohne Last, eine Stahltrosse mit einem Schäkel als Verbindung zum Stechrohr an Bord. Aber dieses war weg. Abgerissen? Oder abgeschnitten, kurz unter dem Kiel. Die Kardeelen der Trosse waren kaum gespreizt, ein glatter Durchschnitt. Die Techniker, man holte den Chief dazu, waren ratlos. Ein Materialfehler? Bruchstellen an den Stahltrossen infolge Verhakens an kantigem Festgestein am Meeresboden, etwa an sedimentfreien Basalten in Mittelozeanischen Rücken, zeigten zerfaserte Seile und sahen gänzlich anders aus.

Der materielle Verlust dieses Gerätes für die Beprobung von Sedimenten hielt sich in relativ engen DDR-Mark-Grenzen, so etwa im unteren vierstelligen Bereich. Später zu Westzeiten war das entschieden anders. Jan Josef erinnert sich, dass er sehr genau abschätzen musste, wann er den modernen Fernsehschlitten bei Erkundungsarbeiten mit FS »Sonne«, nicht im Rahmen eines Projekts auf Manganknollen, sondern grundlagenforschend, im Pazifik über die Reling gehen ließ. Sechsstellig war da schon näher an der Realität. Zwischenzeitlich stieg für noch modernere und leistungsfähigere Geräte an Bord – etwa Tauchroboter verschiedener Varianten – die materielle Wertschätzung in den Millionenbereich.

War es ein bewusster Störungsakt der US-Küstenwache? Jan machte sich so seine Gedanken, gewissermaßen adhäsiv zu den Beobachtungen in der vergangenen Nacht. Erinnerungen aus dem Jahr davor kamen ihm in den Sinn, etwa als im Hafen an der Pier von Point-a-Pitre in Guadeloupe die »Humboldt« aus einem überfliegenden Hubschrauber gefilmt wurde. Oder als Jan in Fort de France, ebenfalls zu den Französischen Antillen gehörig, als Fußgänger, also ein normaler Tourist, allerdings mit einem auffälligen Equipment an Fotoapparaten über der Schulter, samt großkalibrigem Teleobjektiv in der Hand, plötzlich von einem kurz zuvor stoppenden Auto aus sowie einer ausgestiegenen Person aus kurzer Distanz offensichtlich ganz gezielt fotografiert wurde. Stand das Staatschiff und ein solches war die »Alexander von Humboldt« im Verständnis der Seefahrt, gar während beider Tiefsee-Expeditionen im Atlantik als DDR-Repräsentant unter permanenter Beobachtung?

Man war mitten in Zeiten des Kalten Krieges, zwar weit von Europa entfernt, aber diesen gab es nahezu global. Vielleicht war alles auch ganz anders. Jene Phänomene, bekannt aus dem ominösen Teufelsdreieck, waren es wohl eher nicht.

Die Stimmung war gedrückt, zumal die Ursache im Dunkeln blieb. Sie hellte sich erst nach etwa 6 Stunden wieder auf. An manchen Stationen wurden, je nach den geologischen Gegebenheiten, mehrere Untersuchungsgeräte eingesetzt. Jan hatte das zu entscheiden.

So auch an diesem so negativ begonnenen Tag. Eine Dredsche kam zum Einsatz, nach dem Greifer das beste Gerät zur materiellen Gewinnung von Gegenständen, die auf dem Meeresboden lagern. Diese Geräte sind Schleppvorrichtungen unterschiedlicher Bauweise, rund oder rechteckig, mit einem anschließenden Auffangsack, die vom Forschungsschiff mit geringer Geschwindigkeit über eine vorgegebene Strecke, so im Seemeilenbereich, über den Ozeanboden gezogen werden. Jan Josef erinnert sich noch ganz genau, es war die *Station 150.6*, die Manganknollen im Zentnerbereich an diesem Tag an Bord brachte. Nicht zur Verhüttung, sondern zunächst als Nachweis an dieser Position im westlichen Nordatlantik. Dann werden zu Hause geochemischen Analysen durchgeführt, um jene Elemente zu bestimmen, die sie für die Wirtschaft so ungemein interessant machen. Es sind Kupfer, Nickel und Kobalt. Auf dem Ozeanboden lagern sie wie ausgepflügte Kartoffel auf riesigen Feldern, unter ihnen das jeweilige Sediment.

Diese Dredschen-Einsätze gingen über viele Stunden, es war inzwischen späte Nacht oder bereits früher Morgen des nächsten Tages geworden und unser Jan Josef sank übermüdet sowie fix und foxy nach fast fünfundzwanzig Stunden Arbeitseinsatz voller Konzentration und Verantwortung, aber ausgesprochen zufrieden, in die Koje.

19 Havarien auf See

Der Hafen von Casablanca in Marokko lag hinter der Humboldt-Crew. Drei Tage hatte Jan, wie alle anderen auch, Landgang, mit all seinen Eindrücken aus der arabischen Welt. Diese Atlantik-Expedition zur Mitte der siebziger Jahre näherte sich mit jeder gefahrenen Meile nach fast vier Monaten dem Ende. Noch zwei Untersuchungs-Stationen im Iberischen Becken, westlich von Spanien und Portugal, und dann mit Vollkraft voraus zum Heimathafen in Rostock. Es war Anfang Dezember und heimwärts sollen die Pferde schneller laufen. Und sie liefen sehr schnell, aber nicht lange.

Die Winde wurden nordwärts stärker, die See rauer und beim Einlaufen in die Biscaya von Südwest in der Höhe vom spanischen La Coruna im Norden des Landes wurde es zunächst ungemütlich und dann sehr rasch gefährlich.

Wir hatten reichlich Probenmaterial mit dem Fokus auf Manganknollen von den Meeresböden gesammelt, dazu zahlreiche andere Daten, etwa zu physikalischen Parametern der verschiedenen Sedimenttypen der Tiefsee, hatten ein damals neues Gerät zur optischen Dokumentation der Ozeanböden getestet, eine funktionierende Einbild-Kamera, heute belächelt. Alle begannen schon ihre Beiträge zum sogenannten Fahrtbericht zu Papier zu bringen, Jan hatte das zu koordinieren und dass alles sicher verpackt wurde. Doch bald hielt sich nichts mehr auf der Back. Der Dampfer kam in Krängungswinkel, wie auf der gesamtem Expedition zuvor nicht.

Das Forschungsschiff war in ein Sturmtief in der Biscaya, bekannt als atlantische Wetterküche, mit Windstärken bis zehn, in Böen bis zwölf geraten. Und dann passierte es, ein Schiffsdieselmotor fiel aus, die »Humboldt« war manövrierunfähig und das mit diesen Stärken gegen an, also von vorn, teils schräg. Der Hilfsdiesel, unter Seeleuten Jokel genannt, half dabei sehr die Position einigermaßen zu halten. Es war eine echte Notsituation eingetreten. Das Schiff wurde zum Spielball des Sturmes und der Wellen. Nach der Erinnerung von Jan geriet die »Humboldt« in Schräglagen von etwa dreißig Grad, also Rollbewegungen um die eigene Längsachse.

Die Forschercrew wurde von der Brücke aus aufgefordert, das Arbeitsdeck nicht zu betreten, aber an normale Forschungsarbeiten an Deck war ohnehin nicht zu denken und es gab auch dafür keine Notwendigkeiten, die praktischen Seearbeiten waren abgeschlossen. Das von Jan und seinen Kollegen über Monate sorgfältig ausgearbeitete Projekt dieser Atlantik-Expedition war mit der letzten Dredsche im Iberischen Becken erfolgreich beendet worden. Man war auf Heimatkurs und in Gefahr geriet durch die Wetterunbilden und die Schiffshavarie lediglich das Hauptziel aller, vor Weihnachten den Hafen Rostock zu erreichen.

Man musste aber, wenn man aus dem heckseitigen Unterdeck, unter dem die Wohnkammern und hauptsächlich die Labore, genannt »Forscherhöhle«, waren, das Arbeitsdeck überqueren, um zur Messe zu gelangen. Es waren aber nur ganz wenige, die diesen normalerweise gänzlich ungefährlichen Weg gingen. Für sie waren, wegen der extremen Ausnahmesituation, sogenannte Strecktaue gespannt. Dringend zur Halterung, erforderlich, um unbeschadet, diese etwa fünfzehn Meter zu überwinden. Hier holte die See kräftig über und bei Mann über Bord – keine Chance fürs Überleben.

Zu diesen Wenigen gehörte Jan, dem die verbreitete, sehr belastende Seekrankheit, vornehmlich bei diesen

Wetterbedingungen, überhaupt nichts ausmachte. Aber das wusste er aus seinen zahlreichen vorherigen Ostsee-Expeditionen. Im Gegenteil, er verspürte dann vermehrten Appetit. Kollegen von ihm waren stark davon betroffen, auf dieser Expedition etwa der Geodät Werner Kautzsch, nicht ansprechbar und völlig apathisch.

Jahre später, kurz vor dem Putsch in Jans Heimat, war er auf einem sowjetischen Forschungsschiff in der Ostsee unterwegs, das in Aarhus auch dänische Geowissenschaftler aufgenommen hatte, sah Jan bei ihnen eigentümliche Pflaster hinter ihren Ohren. Sie sollten nach Hinterfragung, das Innenohr, zuständig für das menschliche Gleichgewicht, stabilisieren. Es hat wohl geholfen.Die Messe war in diesen drei Tagen weitgehend leer, für die Wenigen waren nasse Tücher auf der Back ausgelegt. Diese einfache Methode half, bei absichtlich wenig gefüllten Tellern und Gläsern, einigermaßen gefahrlos das Essen einzunehmen und »fliegende Tassen« zu verhindern.

Zwischenzeitlich arbeitete die Maschinengang mit Hochdruck und Körpereinsatz, ohne Blick auf die Uhr, an der Reparatur des ausgefallenen Schiffsdiesels mit bordeigenen Mitteln. Allen voran der Chief, also der Chefmaschinist, Emil Gregorschewski, dem hiermit von Jan ein kleines persönliches Denkmal gesetzt werden soll. Und tatsächlich, am dritten Tag nach Einsetzen der extremen Wetterereignisse und dem Ausfall des Schiffsmotors, war der Schaden behoben und die »Humboldt« konnte wieder den Heimatkurs aufnehmen. Überhaupt wuchs dadurch die ohnehin vorhandene Hochachtung von Jan gegenüber den Technikern an Bord weiter, ihren handwerklichen Fertigkeiten. Es war auch an Werkzeugen und Materialien alles vorhanden, was irgendwie gebraucht werden könnte. In diese Wertschätzung eingeschlossen waren die Matrosen, insbesondere ihr Bootsmann, auf dieser Reise, Karl Thiel.

Er war es, der dann schon in tiefen Westzeiten bei einem versuchten Besuch, auf diese DDR-Vergangenheit nicht mehr angesprochen werden wollte. Er fuhr jetzt Taxi, Jan war sehr irritiert, zumal sie beide an Bord bestens ausgekommen waren und er machte sich ob dieses Verhaltens so seine Gedanken. Für ihn war er Mitte der siebziger Jahre der Seemann schlechthin.

Eine Schiffsuntergangsstimmung kam übrigens bei Jan in diesen kritischen Tagen nie, auch nicht im Ansatz, auf. Das Vertrauen in die seemännische Gang durch den Laien war groß, andererseits, so im Nachhinein, kamen bei Jan Josef und einigen Kollegen in Gesprächen nachträglich doch Zweifel auf.

Ein Vorgriff auf 1992, also nach dem Mauerfall, sei gestattet, ein Pendant zur Biscaya-Havarie des ostdeutschen FS »Alexander von Humboldt«, anzufügen. Dieses wurde dann, wie nahezu alles Ostdeutsche auch, im Gefolge des Okkupationsvertrages, fälschlicherweise Wiedervereinigung genannt, eiskalt abgewickelt, hat aber noch die anfänglichen 2000er Jahre erlebt.

Im gleichen Ozean, im gleichen Nordteil, allerdings etwa zwanzig Breitengrade nördlicher und mit einem anderen Forschungsschiff. Und zu anderer Jahreszeit, im Herbst.

Gemeint ist die *Sonne-Expedition SO 82*. Sie startete in Reykjavik, der nördlichsten Hauptstadt der Welt, und Jan war mit einer seiner Studentinnen dorthin von Hamburg aus über London angereist. Forschungsziel war die Untersuchung der Ablagerungen über der Plattengrenze zwischen Nordamerika und Europa südlich Islands. Dies beiden Platten driften – ganz geowissenschaftlich, keineswegs geopolitisch untersetzt – mit einer Geschwindigkeit von etwa zwei Zentimeter pro Jahr auseinander.

Nach etwa zwei Wochen Forschungszeit auf oder besser über dem untermeerischen Reykjanes-Rücken, als Teil des langgestreckten Mittelozeanischen Rückens vom Südatlantik bis in die Arktis, setzte heftiger Sturm ein. Mit Stärken bis elf, sogar zwölf, über etwa vier Tage werden alle Decksarbeiten abrupt beendet. Also die Gewinnung von Gesteinsproben aus dem dort bis etwa dreitausend Meter tiefen gebirgigen, ja morphologisch alpinen Ozeanboden, wurde unmöglich gemacht. Die gewiss nicht kleine »Sonne«, nach Schiffsparametern etwa doppelt so groß wie die »Humboldt«, wird fast zum Spielball der aufgepeitschten Meeresoberfläche. Die seemännische Crew sowie die wissenschaftliche Mannschaft verkriechen sich in ihren Kammern. Auf der Brücke dagegen herrscht über diese Sturmtage höchste nautische Aufmerksamkeit. Sie kann nicht verhindern, dass auf dem Oberdeck der Backbordseite an der Reling befestigtes Equipment, insbesondere Probenahme-Zubehör, durch dieses Sturminferno abgerissen wird und außenbords geht. Auch die Reling selber wird verbogen oder sogar zerbrochen.

Die Schiffsmaschinen überstehen, im Gegensatz von der zuvor geschilderten »Humboldt«-Havarie Mitte der siebziger Jahre, das Wetterinferno ohne Schaden und Jan sowie seine Studentin, Ulrike Trebstein, laufen Wochen später unbeschadet in Bremerhaven ein. Das stimmt nicht so ganz, denn ihr Gepäck, zwischen London-Heathrow und Reykjavik, war abhanden gekommen, nicht auffindbar, auch später nicht.

20 Englischer Schock

Ein Seegewitter bereits in der Karibik sowie die Havarie im Golf von Biscaya machten einen Stopp im englischen Dover zur Schadensbehebung, insbesondere am Navigationssystem, erforderlich. Jan, wie allen anderen auch, sollte dieser zusätzliche Hafen recht sein, wenn auch die geplante rechtzeitige Heimkehr zu Weihnachten in Rostock in Gefahr geriet.

Jan sah in der frühmorgendlichen Dämmerung von der »Humboldt« aus mit dem Fernglas den Leuchtturm von Saint Malo an der bretonischen Nordseeküste und nahm das als Zeichen, das europäische Festland nach über drei Monaten wieder erreicht zu haben. Eine Konzentration von Lichtern an der erahnten Küste ließ das bekannte Gezeitenkraftwerk dieses Ortes in der Bretagne vermuten. Da hätte ihm eigentlich bewusst werden können, warum es hier Mitte der sechziger Jahre gebaut wurde und ihm wäre kurze Zeit später ein plötzlicher Schreck erspart geblieben.

Nach Einfahrt in den Ärmelkanal war wenige Stunden später Dover erreicht, mit Hilfe eines Lotsenbootes. Landgang war angesagt, an einem sonnigen, aber sehr kühlen Wintertag, es war immerhin schon Anfang Dezember. Das war aber nur die gefühlte Temperatur, das Wärmeempfinden war noch geprägt von der Karibik sowie Westafrika. Sie lag vor Ort nur noch wenige Grad über Null.

Ihm kam in den Sinn, dass er vor acht Jahren bereits in diesem Land war, sogar bis in seinen Norden, in Schottland. Davon berichtet jedoch eine vorherige Geschichte. Jan machte sich allein auf den Weg, um die naheliegende Stadt in wenigen Stunden zu erkunden. Als bording time wurde vom Brückenoffizier 18 Uhr vorgegeben. Beim Verlassen des Schiffes fiel dem Jan immer noch nicht auf, dass der Landsteg vom Schiff aus steil nach unten gerichtet war.

Eigentlich wollte Jan zu den berühmten Kreideklippen von Dover, das lag für ihn verständlicherweise sehr nahe. Aber fußläufig waren sie zu weit entfernt, vor allem wegen der eng bemessenen und vorgegebenen Zeit. Schade, denn sie sind das Pendant zu den nicht weniger bekannten Kreidefelsen im Norden Rügens. Sie sind im geologischen Vergleich auch altersgleich. Sie entstanden in einem kreidezeitlichen Flachmeer unter tropischen Klimabedingungen vor unvorstellbaren Zeiten im zweistelligen Jahrmillionenbereich.

So lief er als neugieriger Forscher und zeitweiliger Tourist aus der DDR, durch diese südenglische Stadt, der insbesondere das hoch über der Stadt gelegene Castle seine Silhouette verlieh. Eigentlich, für ihn ungewohnt, ging er ziemlich unkonzentriert durch diese sehr saubere, geradezu akkurate Stadt, kaufte noch ein Weihnachtsgeschenk für seine vierjährige Tochter, einen Kinderregenschirm. Ein Bild von Churchill nahm er am Rathaus geradeso wahr. Machte hier und da ein Foto, war aber in Gedanken ganz wo anders. Diese waren bereits eine knappe Woche voraus zu Hause.

Das schien plötzlich in weite Ferne gerückt als er sich nach dem Stadtbummel den Hafenanlagen von Dover näherte, die lange Straßenzufahrt verlief etwas abschüssig bis zur Pier. Und was sah Jan Josef in dieser Richtung? Nichts. Die »Humboldt« war weg, einfach nicht da. Ein kurzer, aber tiefer Schock durchfuhr ihn. Nach vielen Wochen und so kurz vor dem Mauseloch Rostock, sprich Heimat, war das Schiff verschwunden. Das Bermuda-Dreieck war fast schadlos gemeistert worden, schwere Stürme waren überstanden und nun das. War das Forschungsschiff verholt worden? Darunter verstehen die Seeleute den Platzwechsel des Schiffes innerhalb des Hafens. Das kam vor, dass die Hafenmeisterei aus belegungstechnischen Gründen die Umsetzung eines Schiffes von einer Pier zur anderen innerhalb eines Hafenbeckens oder in ein anderes anordnete. Davon war aber vor Stunden bei Beginn das Landausflugs am späten Morgen nicht die Rede gewesen. Aber das wollte nichts besagen.

Stunden war das Stichwort und zwar sechs. Mit Annäherung an die Liegeplätze der Schiffe im Hafen tauchte an der Kaikante von unten her der charakteristische Schornstein der »Humboldt« mit den Schriftzug AdW, steht für Akademie der Wissenschaften der DDR, langsam auf. Und da setzte das Wissen ein. Jan beendete seinen Landausflug über einen von oben nach unten gerichteten Steg, im Gegensatz zu seinem Beginn.

In engen Wasserstraßen steigert sich der Tidenhub und der englische Kanal war eine solche. Der mittlere Wasserstand zwischen Ebbe und Flut steigert sich um ein Vielfaches und hier vor Dover in der Nordsee betrug er etwa sechs Meter. Dieses Phänomen erzeugte das Auf- und Abtauchen der »Humboldt« innerhalb dieser sechs Stunden bei vertäutem Schiff und Jan wäre (fast) darauf hereingefallen. Kurz danach, am späten Abend, lief die »Humboldt« Richtung Osten aus.

Dieses Selbsterlebnis behielt Jan natürlich für sich. Der Sachverhalt der Gezeiten war ihm theoretisch durchaus bewusst, nun hatte er es hautnah praktisch erfahren. Trotzdem war ihm diese Geschichte als forschender Meeresgeologe irgendwie peinlich. Dort wo er bald sein würde, in Rostock, in der mittleren Ostsee, lag der Abstand zwischen Ebbe und Flut lediglich in Zentimeterbereich, mit den Augen nicht wahrnehmbar.

21 Beifang

Nach diesem hausgemachten Schockerlebnis gab es für Jan noch ein Ereignis der besonderen Art. Dabei war er aber nur aufmerksamer Betrachter. Die »Humboldt« näherte auf der letzten Etappe nach Rostock dem Seegebiet des Skagerrak zum ostseeseitigen Kattegat, nördlich der dänischen Halbinsel Jütland.

Von der Brücke aus war mit dem Fernglas ein dänischer Fischkutter in der Nähe ausgemacht worden. Er hatte soeben einen vollen Hol an Frischfisch im Netz an Bord gezogen. Nun kam die Stunde von Karl, dem Bootsmann, jetzt spielte er seine ganze Erfahrung aus und man konnte beobachten, dass er es nicht erstmalig tat. Vom Vorschiff aus winkte er mit einer großen Flasche »Klaren« und die Dänen, drei verwegen aussehende Männer, verstanden sofort. Sie kamen bis auf etwa zwanzig Meter achtern längsseits, die »Humboldt« hatte schon aufgestoppt.

Über diese Entfernung wurde ein vorn beschwerter Tampen zum anderen Schiff geworfen, an seinem hinteren Ende war ein Korb befestigt. Ihn füllten mehrere Flaschen Korn, Whisky, Kognak, Gin und andere harte Getränke mit einer hohen Umdrehungszahl. Woher kamen die? Es war Transitware, aus dem ansonsten streng tabu gehaltenen Store. Der Stamm-Kapitän der »Humboldt«, Gerhard Herzig, schaute weg oder auch zu. Der Korb kam prall gefüllt mit frischem Kabeljau, Steinbutt, Scholle und andere Fischköstlichkeiten aus der Nordsee zurück. Eine zweite Korbladung enthielt auf Zuruf mehrere Stangen Zigaretten, die DDR-Marken *Club* und *F6* waren darunter und nochmals hochprozentige Getränke, worauf die Rückladung besonders große Schollenexemplare enthielt.

Dass dieser Naturalientausch nicht ganz legal war, hatte Jan rasch begriffen. Aufregend war es schon. Er dauerte gefühlte sechzig Minuten und dann war die Aktion, bei übrigens gar nicht so ruhiger See, eine steife Brise war es schon, vorbei. Die »Humboldt« nahm in Richtung Kattegat und die Belte Fahrt auf und der dänische Kutter verschwand am Horizont. Trotz ausdrücklichen Fotoverbots gelangen dem Jan aus einem sicheren Versteck einmalige Bilder.

Limitierung und sündhaft hohe Preise für Alkohol in Dänemark waren der Background für diese kleine Piratenaktion in der östlichen Nordsee. Als Jan im Oktober 1989, also viele Jahre später und kurz vor dem Systemputsch, durch westliche Geheimdienste befördert, mit dänischen Wissenschaftlern von der Universität Aarhus auf dem sowjetischen Forschungsschiff »Prof. Shtokman« in der Ostsee zusammentraf, zeigten diese, das waren jene mit dem Pflaster hinter den Ohren, großes Verständnis für diese »Freundschaftsaktion« auf See, wie sie es nannten.

Dieser Frischfisch der Dänen war der äußere Anlass eines Abschlussfestes dieser Atlantik-Expedition. Das Schiff wurde über die Toppen geflaggt und es wurde bei mitspielendem Wetter an Deck geräuchert und gegrillt, frischer ging es nicht. Fast alles war auf dieser Expedition erfolgreich gelaufen und ein Matrose, Peter Birkenstädt, sorgte mit seiner Treckfidel, also einem Akkordeon, für Stimmung. Er war es, der manches Mal die Schiffswache bei Landgang in einem fernen Hafen, gegen einen Kasten Bier für einen Wissenschaftler übernahm. Diese wurden, zu ihrem Unmut, mit in die Wachen eingeteilt.

Klingt kitschig und klischeehaft, mag sein, aber ehrlich. Seemannslieder an gros, etwa »Wir lagen vor Madagaskar«, erklangen, und Jan Josef sang kräftig und textsicher mit. Oftmals war er zuvor auf seine auffallende Stimme angesprochen worden, nein, nicht ausgebildet. Talentsuche, viel später Casting genannt, gab es in den fünfziger Jahren in der DDR noch nicht. Wer weiß, wenn, dann wäre das Leben aber so was von anders verlaufen. Ebenso wäre wahrscheinlich ein romantisches Gen entdeckt worden.

Der Beifang auf dem Weg zum Heimathafen Rostock war zum Hauptfang geworden. Die seemännische Besatzung und die Wissenschaftlercrew kehrten komplett zurück. Das war nicht immer so.

22 Kritische Situation auf der Ostsee

Jan ist immer noch in den Jahren von 1973 bis Anfang 1980 und er ist jetzt an Bord von MS »Seebad Zingst«. Gechartert, wie auch in den Jahren zuvor, von der »Weißen Flotte«, Stralsund und umgebaut für Forschungsfahrten in der küstennahen Ostsee. Das Zentrale Geologische Institut in Berlin, mit seiner Außenstelle im östlichen Bezirk Rostock, in Reinkenhagen, später dann im reaktivierten Vorpommern, hatte ein eigenes Forschungsschiff angedacht. Man hatte auch schon einen Namen dafür, »Prof. Eugen Geinitz« sollte es heißen. Eine kluge und passende Wahl, war er doch Anfang des letzten Jahrhunderts ein verdienstvoller Eiszeitgeologe in Mecklenburg.

Auch ein künftiger Kapitän war schon eingestellt, der sollte den Umbau leiten. Es hatte einen Stammliegeplatz im nahen Fischereihafen Stahlbrode. Aus diesem Projekt ist aber – aus welchen Gründen auch immer – wohl nichts geworden. Man war also langfristig auf Charterung angewiesen. Gleichwohl, Jan war wenige Monate nach der hier geschilderten kritischen Situation ohnehin nicht mehr dort. 1992, nach fast zwanzig Jahren intensiver Forschungsarbeit seit der Gründung 1972 mit später immerhin etwa fünfzig Mitarbeitern – von der Reinigungskraft bis zu den rasch wechselnden Hauptabteilungsleitern – wurde diese Forschungsstation durch Wessis zielgerichtet abgewickelt.

Wir schreiben das Jahr 1979, das MS »Seebad Zingst« lag nordöstlich vor Rügen vor Anker, Stationsarbeit nannte man das. Jan musste bei den »Tümpelkröten« oder »Schlickrutschern« aushelfen. So nannten überheblich die Mitarbeiter der Arbeitsgruppe »Tiefsee«, der Jan vorstand, ihre Flachsee-Erkunder in der

Ostsee. Es war die fünfte oder auch sechste Ostsee-Expedition seit 1973 in Sachen Baurohstofferkundung.

Unter dem Kiel lag der sogenannte Adlergrund, eine Randlage der letzten Eiszeit mit viel Sand und noch mehr Kies sowie großen Gesteinsblöcken. An Land nennt man sie Findlinge. Vor etwa zehntausend Jahren war dieser Adlergrund noch Festland.

Danach entstand die Ostsee als Binnenmeer mit einer dortigen heutigen Wassertiefe von etwa fünfundzwanzig Metern.

Es war ein Schönwettertag im Mai, allerdings bei Windstärken von vier bis fünf, und die Beprobung des Meeresgrundes mit einem seilgebundenen Vibrations-Stechrohr war angesagt. Dabei sticht man einen zylindrischen Sedimentkern von zehn Zentimetern Durchmesser, mit Hilfe eines vibrierenden Stahlrohrs, aus dem Meeresboden. Er ist zumeist fünf Meter lang und besteht hier vor Ort aus Kies und Sand. Und diese brauchte man in riesigen Mengen für das zuvor von der Regierung der DDR beschlossene soziale Wohnungsbauprogramm in den drei Nordbezirken der DDR, Schwerin, Rostock und Neubrandenburg. Eine kluge Vorauspolitik der kleinen, später so geschmähten Republik.

Und dann passierte es. Das Stechrohr war bis zur Endtiefe in den Meeresboden eingedrungen und es konnte gehievt, also nach oben gezogen werden. An der Steuerbordseite ließ sich Jan vom Brückendeck aus einen Bootshaken reichen, um das Stechrohr zur Bergung näher an die Bordwand zu ziehen. In diesem Moment holte die »Zingst« über – sie schwankte von Steuer- zu Backbord, und Jan griff, um Halt zu finden, in die laufende dicke Trosse kurz vor dem Block. Der Bootsmann sah das und reagierte blitzschnell, er stoppte die Winde. Zwei Sekunden später und Jans Hand wäre in den Block gezogen worden. Finger- oder gar ein

Handverlust wären die Folgen gewesen. So blieb es bei einer heftigen Verletzung der linken Hand, insbesondere des Zeigefingers.

Die erste Wundversorgung nahm der 2. Steuermann vor, ihm obliegt traditionell diese Aufgabe, wenn kein Arzt an Bord ist. Bei späteren Expeditionen Im Pazifik mit dem großen FS »Sonne«, nach dem abrupten Systemwechsel, hat die Anwesenheit eines solchen, da war er etwa fünfzehn Jahre älter, dem Jan das Leben gerettet.

Über Seefunk und Rügenradio war das nächst gelegene Krankenhaus in Sassnitz, der nördlichsten Stadt Ostdeutschlands, informiert worden. Die Probenahmearbeiten wurden abgebrochen und das MS »Zingst« lief mit Volldampf nach etwa zwei Stunden in den dortigen Hafen ein. Ein bereit stehender Krankentransport fuhr Jan in das unweit entfernte Krankenhaus, wo er operiert wurde.

Der Begründer der UdSSR, der große Lenin, hatte – 1917 aus der Schweiz kommend und auf dem Weg mit der Fähre nach St. Petersburg – in Sassnitz Station gemacht. Aber das interessierte Jan damals überhaupt nicht. Eine Woche dauerte der Klinikaufenthalt in einem Uraltgebäude, dass 1995 abgerissen werden sollte. (Einen Nachfolger gibt es vor Ort wohl nicht.) Jedenfalls konnte Jan geholfen werden, und im Wochenabstand musste er aus seinem Wohnort mehrfach zur Kontrolle in dieses Krankenhaus gefahren werden.

Dabei zeigte sich das Institut ausgesprochen großzügig, Jan zahlte keinen Taler für diese oftmaligen Fahrten mit dem Dienst-PKW. Die Außenstellenleitung in Reinkenhagen hatte aber auch, obwohl nie thematisiert, ein nicht ganz sauberes Gewissen. Dieser Arbeitsunfall – und ein solcher war es – fand so im Grenzbereich erlaubter Seearbeiten statt. Bis Windstärke fünf waren sie gestattet, darüber mussten die Beprobungen abgebrochen werden. Vielleicht blies der Wind etwas stärker, was nie untersucht wurde. Jan war damals fern jeder Überlegung, diesen Arbeitsunfall zu einem Versicherungsfall zu stilisieren. Er war ja im Osten sozialisiert worden. Noch heute sind ihm alle Versicherungen ein rotes Tuch und suspekt.

Dieser Unfall auf See hatte für Jan auch eine positive Seite: Er hatte in diesen Wochen der Krankschreibung viel Zeit, wie zuvor und danach nie wieder, sich intensiver seinen zwei Töchtern zu widmen. Sie waren im Alter von acht und zwei Jahren.

23 Noch geheimer geht kaum

Es war ein Donnerstag im September 1977. Jan war, wie immer, 7.15 Uhr pünktlich im Institut. Diese frühe Zeit und noch dazu als Vorgabe, täglich, keine freie Entscheidung des Arbeitsbeginns war möglich. Hallo, dem Jan fiel das nach über vier Jahren immer noch schwer und vieles in ihm sträubte sich. Das kannte er gänzlich anders. Egal, erste Gedanken zu Veränderungen kamen auf. Trotz alledem, vornehmlich in Bezug zu den großartigen Expeditionsreisen in den Atlantischen Ozean. Wer hatte schon diese Forschungsmöglichkeiten? Unmutig riss er den Faden aus der Alu-Schale am Türrahmen zum Arbeitszimmer und schloss auf. Er hatte korrekt, wie in diesem Geheimnistempel gefordert, zuvor die in die rote Knetmasse eingedrückte Nummer der Petschaft kontrolliert, es war die seine. Manchmal hatte er diese Handgriffe, die jedoch mehr waren, ein wichtiger Sicherheitscheck, aber auch vergessen, ein schlimmes Vergehen.

Vor wenigen Wochen war einem neuen Kollegen vorrübergehend, er war eigentlich in die Arbeitsgruppe Flachsee eingegliedert, ein Arbeitsplatz in Jans Zimmer zugewiesen worden. Ein junger Mann, hatte an der seinerzeit berühmten Bergbau-Hochschule in Leningrad Geologie studiert und an der Bergakademie in Freiberg promoviert. Ruhig, unaufgeregt, fast introvertiert war dieser Doktor Roth ausgelegt, seine Frau, eine Aufbereitungstechnikerin, eine ingenieurwissenschaftliche Richtung, war im Labor eingesetzt. Kurz nach Jan kam an jenem Morgen dieser junge Mitarbeiter ins Zimmer.

Jan Josef war schnurstracks zum Panzerschrank gegangen, denn nahezu alles, was er zum Arbeiten brauchte, war am Nachmittag zuvor von ihm selbst dort abgelegt worden. So wollten es die Vorschriften. Es dauerte vielleicht eine halbe Stunde, da klopfte es kurz an der Tür und ohne ein herein abzuwarten, traten die beiden Kontrolleure ein. Der Leiter der VS-Kontrollgruppe und die VS-Sicherheitsfrau, beide aus dem eigenen Institut. Er, Klaus Fandrei hieß er, war Abteilungsleiter Technik, der Ausbildung nach ein Fachschulingenieur für Autotechnik, sie Zeichnerin, Christa Siegmund war ihr Name.

Jan kannte das schon, er kochte zwar innerlich, nicht weil er etwas zu verbergen hatte, sondern weil er diesen ganzen Sicherheitszirkus für unnötig und absurd hielt und ihn als erheblichen Hemmschuh für die wissenschaftliche Arbeit sah. Ein anderer Gedanke überwog eigentlich alle andere Ablehnungen, das war letztlich das ihm unterstellte Misstrauen, Forschungsergebnisse an den Klassenfeind zu verraten. Und das ging für Jan, einem sakrosankten Philanthropen und überzeugten Sozialisten, nun gar nicht. Das war Ehrabschneidung.

Nach außen war der Jan Josef ruhig und gelassen, er hatte mehrfach seine Meinung zu diesem Sicherheitskult, auch in Parteikreisen, geäußert. Ohne Resultat, von außen war ihm im Vertrauen zugetragen worden, dass er in der Außenstelle als Sicherheitsrisiko galt und besser den Mut halten sollte.

Nicht so sein kurzzeitiger Mitbewohner des Arbeitszimmers, Dr. Roth. Nach Aufforderung der beiden, alle Unterlagen, die einen Stempel trugen – Vertrauliche Verschlusssache (VVS) und Vertrauliche Dienstsache (VD) – nachzuweisen. Der niedrigste Sicherheitsgrad, NfD (Nur für den Dienstgebrauch) interessierte nicht und für eine Geheime Verschlusssache (GVS), die höchste Stufe, hatte er keine Berechtigung. Im Gegensatz zu Jan.

Der junge Mann versuchte mit fahrigen Händen seine Papiere zu ordnen, stand mit blassem Gesicht vom

Schreibtisch auf und sackte nach hinten über. Jan der zufällig hinter ihm stand, fing ihn so halb auf, konnte ihn aber nicht halten und legt ihn auf dem Zimmerboden ab. Rasche ärztliche Hilfe war von Nöten und die kam sofort. Jans Frau hatte Sprechstunde, war also vor Ort, einige hundert Meter entfernt in des Dorfes Mitte lag die Staatliche Arztpraxis und in kurzer Zeit war sie beim Patienten. Sie holte ihn wieder ins Leben zurück. Dr. Roth hatte dem psychischen Druck nicht widerstanden und war kollabiert. Nicht vorher und auch nachher nie wieder durfte die Frau Doktor hinter die schmiedeeiserne Gittertür des heiligen Geheimnisgrals.

Hintergrund waren die von oberster Ebene des Forschungsinstituts in Berlin angeordneten Maßnahmen, alle geomarinen Arbeiten unter Verschluss zu halten. Auch die zu den eiszeitlichen Kies-Sand-Lagerstätten auf dem eigenen Festlandssockel in der Ostsee. Dass diese Jahrzehnte später, in der Gegenwart besonders, global zum strategischen wertvollen Rohstoff, gleich nach dem Wasser, werden könnten, war damals nicht absehbar. In seiner Außenstelle im späteren vorpommerschen Reinkenhagen wurde die Sicherheitsanweisung bis zum Kult stilisiert. Dazu gehörten unangekündigte Taschenkontrollen beim Verlassen des Gebäudes nach Dienstschluss. Über Nacht vorgenommene Änderungen der Petschaftsnummer an der Arbeitszimmertür, um die sozialistische Wachsamkeit der Wissenschaftler beim morgendlichen Betreten zu kontrollieren. Ein vergiftetes Arbeitsklima war die Folge. Viele akzeptierten diese Bedingungen einfach, andere resignierten und trotteten mit.

Eine weitere evidente Problematik stellten die limitierenden Faktoren zur Publikationstätigkeit dar. Sie war nahezu gänzlich verboten und war an anderer Stelle dargestellt worden.

Ebenso gehörte die oben kurz tangierte Arbeitszeitregelung vor Ort zu Jans Kritikpunkten. Sie war fast noch belastender. Neben dem frühen Beginn kam er mit dem ebenso frühen Feierabend nicht zurecht. 16.15 Uhr fiel der Forschungshammer mit dem Versiegeln der Gittertür. Dann mussten alle draußen sein, die meisten Beschäftigten fuhren mit Bussen nach Stralsund, Grimmen oder Greifswald. In Ausnahmesituationen, etwa wenn es beispielsweise bei einem Projektantrag terminlich eng wurde, konnte man im Institut länger bleiben, aber nicht allein, Gott bewahre, wenn, dann nur zu Zweit. Und am Wochenende im Institutsgebäude, nein, das ging ja gar nicht. Das schloss sich gänzlich aus. Die Korsettierung der Gedanken in vorgegebene Tage und Zeitintervalle war für Jan Josef auf Dauer nicht machbar.

Dabei war Jan durchaus kein Gegner der Geheimhaltung, im Gegenteil, sie musste logisch begründet sein – etwa bei militärischen Fragen – und nicht aufgesetzt. Die Tiefsee-Erze in den Weltozeanen waren damals zweifelsohne perspektivisch ein strategischer Rohstoff und sind es heute nach fast fünfzig Jahren dort unten in 5000 m Wassertiefe immer noch. Keine Manganknolle wurde aber seitdem durch kommerziellen Tiefsee-Bergbau gefördert, forschungsseitig schon. Die Hauptkriterien zur Ergiebigkeit einer Lagerstätte, in Jans Berufskreisen sagt man Höffigkeit dazu, insbesondere der Wertmetallgehalte an Kupfer, Nickel und Kobalt, waren damals von den führenden Globalplayern publiziert worden, partiell auch von der UdSSR. Wir aber sperrten sie in den Panzerschrank.

Nach sechseinhalb Jahren war Schluss, es folgte ein unerwartet geordneter Abgang, zurück in den Universitätsbereich, nicht nach Berlin, sondern nach Greifswald. Ein Forschungsthema zur weiteren wissenschaftlichen Qualifizierung, zum Doktor der Wissenschaften, mit der adäquaten früheren und dann später wieder reaktivierten Bezeichnung Habilitation, nahm Jan mit.

Diese hier vorgestellte punktuelle Situationsschilderung war aber kein Hinderungsgrund, dass Jan noch im gleichen Jahr als Mitglied einer Spezialisten-Delegation des Ministeriums für Geologie der DDR zu einer Sondierungsreise in Rohstoffangelegenheiten für einige Wochen in den Süden Afrikas reiste, in die Volksrepublik Mozambique.

24 Zweimal Schneewinter

Diese katastrophalen zweimaligen Schnee- und Sturmwellen auf dem Gebiet der DDR, erlebte unser Jan in ihrem Norden und seinem Dorf. Mit voller Wucht. Ein Ausschnitt soll das belegen.

Es war ein Freitag, exakt der 29. Dezember 1978. Die ganze Familie freute sich auf die Reise nach Berlin, wo man mit Freunden den Jahreswechsel feiern wollte. Jans Frau hatte während der gesamten Weihnachtsfeiertage zuvor von zu Hause aus, so wollten es die Regeln, Bereitschaftsdienst. Und nicht nur für ihren Sprengel, der ohnehin schon groß genug war, sondern der Einzugsbereich erfasste etwa den halben damaligen Kreis Grimmen. Tag und Nacht, also rund um die Uhr, dazu als Selbstfahrer des PKW. Es gab die unabgesprochene Übereinkunft, wenn er denn nicht unterwegs oder auf Dienstreise im In- und Ausland war, dass Jan Josef bei Nachteinsätzen die Bereitschaftsärztin zu den Patienten fuhr. Das waren weniger Sicherheitsüberlegungen, kein Vergleich zu den Jahren nach der Übernahme 1990, sondern leichte Probleme seiner Käte Luise generell bei Fahrten im Dunkeln. Noch dazu teilweise auf einsamen, langen Feldwegen oder zu abgelegenen Höfen. Davon gab es im Osten des Bezirks Rostock reichlich.

Dieser Bereitschaftsdienst zu Weihnachten hatte es in sich. Jan erinnert sich noch genau, wie er am Abend des sogenannten Heiligen Abend von seiner Frau bei ihrer Rückkehr zum Auto, er blieb bei Hausbesuchen in der Regel darin sitzen, von ihr erfuhr, dass der Patient unheilbar krank kurz vor dem Exitus war. Das war in Wittenhagen, einem damals wegen der ansässigen Parkettfabrik weithin bekannten Ort. Bald nach 1990 natürlich abgewickelt.

Alle, voran die beiden jungen Mädchen, freuten sich auf die freien Tage in Berlin. Die Karten für den Silvesterball im Hotel am Alex waren schon vor Wochen bestellt worden. Der Ball fiel dann unerwartet aus, natürlich nicht er, sondern für die nordischen Gäste und der Jahreswechsel fand gänzlich anders statt.

In der Nacht zuvor begann es leise zu schneien und es setzte ziemlich unvermittelt deutlich spürbarer Nordostwind ein, der sich gegen Morgen des Freitags verstärkte. Jan vermutete Schlimmes, ohne zu ahnen, was es dann tatsächlich wurde. Er drängte zum Aufbruch, das Frühstück wurde rasch eingenommen, das vorbereitete Gepäck im Lada verstaut und los ging es. Aber nur bis zum Ortsausgangsschild, nach etwa dreihundert Metern, und dann waren an den ersten knapp zwei Meter hohen Schneewehen alle Silvesterpläne für Berlin ausgeträumt. Und der Kühlschrank war wegen der geplanten Tage der Abwesenheit nicht aufgefüllt worden.

Ab sofort hatte jeder lokale Arztbereich seinen eigenen Einzugsbereich zu versorgen. Der Schneefall verstärkte sich und die Windstärken über die Ostsee aus Nordost ebenso. Allenthalben war der Strom weg und damit war die Lebensader nach allen Seiten durchschnitten. Die Wohnungen mit Fernheizung wurden kalt, die in der Arztpraxis konnten mit Kohlenheizung noch einigermaßen erwärmt werden. Bald waren im Verlaufe dieses Freitags alle Orte voneinander isoliert, gegenseitig ging auf den Straßen nahezu ohne besondere Hilfsmittel nichts mehr. Die Telefone, damals trugen sie noch nicht den Namen Festnetztelefone, funktionierten irgendwie noch, Handys waren noch meilenweit entfernt.

Da kam am Silvestertag ein Notruf aus einem benachbarten Dorf, etwa sechs Kilometer entfernt, knapp jenseits der F 96, der Verkehrsader der DDR von

Süd nach Nord von Zittau in der Oberlausitz bis nach Saßnitz im Norden der Insel Rügen. Später wurde das F durch ein B ersetzt, Teil des gesamten Vorgangs etwas über zehn Jahre später, in dem kein Stein mehr auf dem anderen blieb.

Bei einer hochschwangeren Tierärztin hatten vorzeitige Wehen eingesetzt, eine komplizierte Lageposition des Fötus, ärztliche Hilfe war dringend geboten. Zwischenzeitlich hatten sich die Wetterkapriolen zum Inferno gesteigert. Sturmstärken bei geschätzten zehn, Schneewehen in bisher nicht gekannten Höhen.

Von Bäumen waren partiell nur die oberen Kronen sichtbar, ebenso sah man bei Wohnhäusern nur die Schornsteine. Die Tagestemperaturen lagen so bei minus fünfzehn Grad Celsius. Summa summarum eine Natursituation, der man sich freiwillig nicht aussetzen mochte, Todesgefahren drohten ringsum. Krankenwagen aus dem Kreiskrankenhaus in Bartmannshagen bei Grimmen oder aus Stralsund, ebenso Greifswald, mussten in der Garage bleiben, sie wären nach wenigen Meter stecken geblieben. Die Straßen waren unpassierbar. So versuchte es Käte Luise auf eigene Faust, es hätte auch eine selbstmörderische Fahrt werden können. Über den Bürgermeister, Genossen Kausche, wurde ein Allradtraktor aus der LPG organisiert, ein geländegängiger Radschlepper aus sowjetischer Produktion. Er wurde umgangssprachlich nur *Kasi* genannt, zurückgehend auf die offizielle Bezeichnung K 700.

Er nahm einen Geländewagen auf den Haken, in dem Käte mit ihrer ortsbekannten Schwester Rosi mit zwei Arzttaschen und polarmäßig eingemummelt saßen. Aber sie kamen nicht weit, beim ersten kleinen Anstieg, dem Volksmund nach am Pötterberg, nach etwa der Hälfte des Weges, blieb dieser Acker-Koloss trotz seiner hohen PS-Zahl stecken. Aus mit der relativen Bequemlichkeit im Lada Niva, es ging zu Fuß weiter. Unter Ausnutzung frei gefegter Flächen, deren Schnee an Baumhindernissen aufgetürmt war, kamen die beiden, nach Überquerung der autolosen F 96, bei der Hilfe suchenden Familie an, selbst halb erfroren und körperlich am Ende. Bestaunt wie Marsmenschen, die den Weg zur Erde gefunden hatten.

Eine erste Untersuchung der Patientin ergab – die Frau ist in Lebensgefahr. Telefonische Rückkoppelungen mit der Universitäts-Frauenklinik in Greifswald hatten zu dieser Feststellung geführt, eine Hausentbindung war ausgeschlossen. Das Dorf war durch das Wetterchaos gänzlich abgeriegelt, über die Straße konnte keine Hilfe kommen. Die couragierte Bürgermeisterin, Genossin Dinse, organisierte über die Nationale Volksarmee in Stralsund einen Hubschrauber, der in aller Frühe des noch dunklen Neujahrstages auf dem Sportplatz neben der Schule, die heute keine mehr ist, landete. Zuvor hatten zahlreiche Dorfbewohner seine Umrandung markiert. Zur Ermöglichung der Landung wurden diesel- und benzingetränkte Säcke und alte Kleidungsteile an der Umrandung entzündet. Auch die beiden übernächtigten Katastrophenhelferinnen kletterten in den Helikopter und begleiteten die Patientin bis zur Landung auf dem Marinestützpunkt der Insel Dänholm. Ein vorbereitetes Sanitätsfahrzeug der Volkmarine brachte Frau L. zur Entbindung in die Klinik. Noch am Neujahrstag gab es einen neuen Erdenbürger, mit dem besonders damals bezeichnenden Vornamen Johannes Paul.

Die nicht weniger beschwerliche Rückkehr ins Heimatdorf Reinkenhagen, das Wetterinferno tobte unverändert weiter sowie die nachfolgenden drei Tage waren nicht weniger dramatisch. Sie war an anderer Stelle zuvor thematisiert worden.

Zur fast schmerzhaften Ernüchterung gab es für Käte und Rosi durch die junge Mutter kein Wort des

Dankes. Immerhin hatten die beiden unter Einsatz ihres Lebens das dieser Frau und ihres Kindes ermöglicht. Peinlich wenigstens für ihr familiäres Umfeld, das sich für dieses Verhalten, als der schlimme Wetterspuk vorbei war, angemessen entschuldigte.

Nach sechs Wochen gab es eine Wiederholung dieser Wetterkatastrophe. Sie begann am 15. Februar und tobte sich, wie ihr Vorgänger, über etwa eine Woche aus. Die Windstärken waren adäquat, die Windrichtung war wieder die nordöstliche, die Schneemengen jedoch noch reichlicher als zuvor. Unverweht so um etwa einen Meter, vorher darunter. Und noch ein Analogon, gleich der ersten Katastrophe, gab es. Wieder war der Beginn ein Wochenende, nein, einen Tag vorher, es war ein Donnerstag und wieder wollte Jans Familie, alle vier Personen, nach Berlin reisen. Quasi das verpasste Silvester in der Hauptstadt, in dem Riesenhotel am Alex, nachholen. Wieder auch war der Kühlschrank deshalb nahezu leer. Aber etwas war anders: Das Auto blieb gleich in der Garage.

Erfuhren die Wetterkapriolen über den Jahreswechsel bis heute breite mediale Aufmerksamkeit, nicht aber jene im Februar, etwa im Fernsehen, sie wurden kaum beachtet. Nach 1990 nutzte der stets in Sachen DDR-Vergangenheit dubiose *MDR*, das ist erst der Vorname, einen produzierten Film zu den 1978/79er Wetterereignissen in mehrfacher Wiederholung, um wie immer tendenziös die Wetterereignisse mit Seitenhieben auf die DDR zu verbinden. Eine Beleidigung der unglaublichen Solidaritätsleistungen der Menschen hier im Norden. Angewidert ob der falsifizierten Anteile hilft dann die Fernbedienung, wie häufig bei diesem Kanal. Unerträglich für einen, der diesen Staaten mit aufgebaut hat, ihn unterstützt hat, von ihm gefördert wurde und mit ansehen musste, wie er widerlichst zertreten wurde und bis heute wird.

Sehr kurzfristig, also ohne langwierigen Verwaltungs- und Justizweg, wie heutzutage Usus, kam bereits am 1. März 1979 die staatliche Anerkennung. Käte Luise, Jans ungemein tapfere Frau, erhielt die Urkunde und die Medaille »Für selbstlosen Einsatz bei der Bekämpfung von Katastrophen« überreicht. Der Innenminister, Friedrich Dickel, hat sie im Namen des Ministerrates unterzeichnet. Wenn sie eine verdient hat, dann Jans Frau. Käte ist noch heute stolz auf diese Auszeichnung.

Ganz im Gegensatz zu einer jüngsten, für Jan unerhörten Aussage eines zu DDR-Zeiten ob seiner Vielseitigkeit sehr beliebten Unterhaltungskünstlers. Er schämte sich in nunmehr hohem Alter in einer Talk-Show, nicht untypisch für den MDR, gezielt solche Personen einzuladen, dass er seinerzeit den Nationalpreis, III. Klasse erhalten und angenommen hat. Das liegt auf einer Linie, eine Liga tiefer, mit dem in einer vorherig geschriebenen Geschichte sowie der erzählten Aussage eines Zahnmedizinertyps zu einem Preis der Universität Greifswald zu DDR-Zeiten.

Peinlich, für ihn.

25 Ein fast verlorenes Jahr

Gleich zu Beginn kam er eine Woche zu spät, der Jan. Aber was sind schon sieben Tage bei einem ganzen Jahr. Trotzdem, Pünktlichkeit und Zuverlässigkeit schätzte er ungemein und verlangte sie auch von anderen. Er war wohl noch nie ohne Grund unpünktlich gewesen. Aber hier hatte er einen Grund und doch wieder nicht. Er war erkrankt, eine starke Erkältung mit Durchfall, etwas Fieber, vegetative Dystonie hieß das damals auf dem Krankenschein, ansonsten waren ihm diese Symptome fremd. Oder war die ganze Geschichte nur psychosomatisch? In dieser Nähe, etwas hypochondrisch, war der Jan Josef ohnehin eher angesiedelt.

Am ersten Tag kam ob des Fehlens auch gleich ein Anruf aus der Schule, nicht irgendeine, es war die Bezirksparteischule in Rostock. Eine Genossin Cornelia fragte nach dem Jan, ja, sie benutzte den Vornamen und wo er denn bliebe, er sei zum Sekretär der Seminargruppe festgelegt worden und sie würde ihn in seiner Abwesenheit vertreten. Na, das schmeckte Jans Frau, die das Telefonat entgegennahm, überhaupt nicht. Das ging ja gut los, noch gar nicht dort und schon diese vertrauliche Anrede einer Mitstudentin. Man hatte in dieser Richtung schon vieles gehört. Und dieses Viele konnte Jan tatsächlich nach einem Jahr bestätigen.

Wie auch immer, krank oder nicht so ganz, eine knappe Woche später war Jan Parteischüler, saß bei den Seminaren vorn rechts neben dem jeweiligen Leiter, der im Fach Philosophie eine Seminarleiterin war, eine Frau Luck. Das wollten die strengen Vorschriften. Sie war eine ältere, jedoch sehr lebendige Dame, pardon Genossin, sie hatte ein profundes philosophisches Wissen. Es ging mit Hegel, Kant und Schopenhauer weit über die obligatorischen Marx und Engels hinaus. Ein ziemlich schwieriges, wenn nicht aussichtsloses Unterfangen, die Mehrheit der Teilnehmer war damit überfordert.

Der Genosse Doktor von der Universität stellte sich vor und wurde von allen, 20 Kursteilnehmern, neugierig beäugt. Er fügte sich ein in die bunte Palette der sozial und intellektuell breite Mischung der Teilnehmer. Von der Reinigungskraft bis zum Direktor eines volkseigenen Betriebes, vom LPG-Vorsitzenden bis zur Beiköchin in der Betriebskantine war so alles vertreten. Etwa Krankenschwestern, Kellner, Fischer, Heimleiter, Lehrer, Polizisten, Kapitäne und Bauern aus volkseigenen Gütern. In der Summe waren es bei diesem 32. Lehrgang etwa zweihundertfünfzig Parteischüler.

Die Tage waren streng getaktet. Vormittags Vorlesungen und Seminare, am Nachmittag ausführliches Selbststudium. Es gab vier Themenschwerpunkte, den Beginn machte die Philosophie. Jedes Teilgebiet wurde mit einer benoteten Klausur abgeschlossen.

Inhaltlich wurde viel Theorie vermittelt, die Parteischüler sollten sie danach praktisch umsetzen. Von ihnen in die Diskussionen eingebrachten Probleme, etwa die Diskrepanz zwischen sozialistischer Wirklichkeit und medialer Wiedergabe oder der Inakzeptanz und Nutzlosigkeit von großformatiger Transparentwerbung politischen Inhalts, waren unerwünscht. Ebenso waren die evolutionären Prozesse in der Sowjetunion, genau zum Zeitpunkt dieses Lehrgangs, Mitte der achtziger Jahre, von wenigen Genossen mit Russischkenntnissen und Zugang zu originalen Informationsquellen ausgehend, kein Thema. Man hätte doch zwanglos darüber im Seminar diskutieren können. Gemeint sind Gorbatschow und seine Zauberworte Glasnost und Perestroika. Jan Josef stand diesen neuen politischen Schlagwörtern a priori skeptisch gegenüber. Mit ihnen ließ sich der sowjetische Staats- und Parteichef wenige

Jahre später im Systemkampf vom Westen über den Tisch ziehen. Er wurde damit zum verräterischen Judas des sozialistischen Lagers, um einen Bibelvergleich zu nutzen. Der Kalte Krieg war dann kurze Zeit später östlicherseits durch ihn und seinen Nachfolger Jelzin verloren.

Die Wochenenden gehörten den Familien, die im Fall von Jan in etwa hundert Kilometer Entfernung wohnte. Am Freitag weg von der BPS, wie sie abgekürzt wurde und am Montag wieder nach Rostock zurück. Natürlich mit dem Auto, der Benzinpreis war kein Thema, er war durchgehend niedrig und stabil. Trotzdem bildete sich bald eine Fahrgemeinschaft aus drei Personen, zu der der Parteisekretär des Löffler-Instituts für Tierseuchenforschung auf der Insel Riems, Dr. Glaner, gehörte. Ein angenehmer, intelligenter und kritischer Zeitgenosse. Jahre später durch einen tragischen Schlittschuhunfall auf dünnem Eis im Greifswalder Bodden ums Leben gekommen.

Die Gerüchteküche zum vermeintlichen »roten Kloster« war lediglich eine solche, sie ging ziemlich ins Leere, war einfach unzutreffend. Das wirklich strenge Lernen, zumindest für jene, die es mit der sozialistischen Weiterbildung ernst nahmen, wurde durch zahlreiche kulturelle Veranstaltungen wohltuend unterbrochen. Zu diesen Auflockerungen gehörten mehrere Besuche im Volkstheater der Bezirkshauptstadt, Bowling- und Jurten-Abende, eine Visite in der Kunsthalle Rostock, ein Eisbeinessen im Ratskeller der großen Stadt, Besuche von volkseigenen Betrieben und anderes mehr.

Eine integrierte Schulgaststätte, die bis in den Abend hinein geöffnet hatte, sorgte zumeist für gesellige Zusammenkünfte. Die Lehrer waren dann weit weg. Für Getränke war reichlich gesorgt. Die Geschlechterverteilung innerhalb dieses Lehrgangs der BPS war etwa paritätisch. So manche Parteimitglieder, sie waren ja zuvorderst Menschen, also Naturwesen mit Schwächen, ließen dann Wladimir Iljitsch Lenin einen frommen und kommunistischen Mann sein und genossen die Freiheit der Parteischule für ein lustvolles Miteinander. Es kursierte die Beobachtung, dass es bisweilen sogar im Fahrstuhl zu körperlicher Vereinigung kam, der in jeder Etage des achtstöckigen Internatsgebäudes beim Anhalten nachfederte und für einen besonderen Kick sorgte. Er soll länger als üblich blockiert gewesen sein. Scheidungen und neue Verbindungen gehörten ebenso zur politischen Weiterbildung, doch das waren gewiss bekannte und ungenannte Nebeneffekte.

Für Jan lag dieser Parteischulbesuch in der Endphase der B-Aspirantur zur Habilitation. Danach – einen positiven Abschluss vorausgesetzt – würde er eine Dozentur erhalten, die erste seines Fachs in der DDR. Aber zukünftig sollte er ebenso als ehrenamtlicher Parteisekretär im Institut arbeiten. Damit würde, so die Überlegung der Universitätsparteileitung, insbesondere die Reputation der Staatspartei im Institut beibehalten und angehoben werden. Denn ein Dozent gehörte in der universitären Hierarchie mit den Professoren zur oberen Kategorie der Hochschullehrer. Obwohl dem Jan diese kombinierte Perspektivplanung über die Parteiqualifizierung partout nicht schmeckte, ihm blieb keine Wahl, es sei denn, er ginge dorthin, in das zentrale Forschungsinstitut zurück, woher er mit ziemlicher Anstrengung vier Jahre zuvor regelrecht entkommen war.

Hinzu traten noch weitere Faktoren der Belastung in diesem so schwierigen Jahr. Käte Luises Kreisarzt hatte den Bau eines Eigenheims in bevorzugter Lage am Strelasund veranlasst. Darüber war in einer anderen Geschichte berichtet worden. Bei eigener großzügiger Finanzierung wurde es ihr und damit dem Jan als ehelicher Trittbrettfahrer gebaut. Ein Eigenheim-Ideologe war er nie, er hatte zwar keine zwei linken Hände, aber ein Hausmeistergen besaß er nicht. Seine Prioritäten lagen bei der Erkenntnis der wunderbaren Natur mit all ihren Facetten, einem kleinen Sektor von ihr und einem gerechten Miteinander zwischen den Menschen. Nun also sollte er bald ein eigenes Haus, mit bescheidenem DDR-Standard, bekommen. So ganz wohl war ihm nicht, aber er versuchte es als seltenes Geschenk zu nehmen.

Trotzdem blieb noch eine Menge an Arbeit auf Kätes schmalen Schultern liegen: Organisationsfragen zum Hausbau, zwei schulpflichtige Mädchen zeitweilig quasi allein zu erziehen, volle Sprechstunden in Vollzeit, keinen Fahrer bei nächtlichen Noteinsätzen und einiges andere mehr. Das glich auch eine beantragte und einmalig genehmigte Unterstützungshilfe der Universität Greifswald in Höhe von eintausend Mark nicht aus.

Nicht ungenannt soll die Tatsache bleiben, so wollten es die Regularien, dass Parteischüler nur achtzig Prozent ihres Nettogehaltes während ihres Schulbesuchs erhielten. Bei Jan war das fast egal, er bekam lediglich ein nicht sonderlich üppiges Stipendium, also Netto und Brutto ex aequo. Die fielen ihm dann erst bei der Rentenberechnung, woran er damals keinesfalls dachte, böse auf die Füße. Ob ohne oder mit BPS, es war ein Stipendium, das hieß kontemporär Ausbildung und brachte zu Westzeiten Null Rentenpunkte. Wie die Parteischulzeit insgesamt rentenseitig eingestuft wurde, weiß Jan nicht. Das war für ihn, wie vieles andere auch, neuer Wessimist und ebenso wie der Steuerdschungel kaum durchschaubar. Und ihm widerstrebte es zutiefst als vermeintlicher Verlierer der Geschichte sich damit auseinanderzusetzen.

Für die Verteidigung der Promotion B, so kurz vor Weihnachten 1984, erhielt Jan eine großzügige vorherige Freistellung zur Vorbereitung, alles verlief wie angedacht erfolgreich und nahtlos schloss mit dem Beginn des zweiten Monats im folgenden Jahr die (passive) Dozentur an. Denn er war immer noch Parteischüler bis zur Jahresmitte, der etwas lernen sollte, was er bereits weitgehend wusste. Bei der Zeugnisausgabe innerhalb der Abschlussveranstaltung eines schönen Julitages im beindruckenden großen Hörsaal, bei lauten markigen Arbeiter- und Kampfliedern aus dem Lautsprecher, gehörte er zu jenen etwa zwanzig Genossen des gesamten Lehrgangs, die zuerst aufgerufen wurden. Sein inhärenter Ehrgeiz hatte auch hier – bei manchen inneren Vorbehalten – gesiegt. Ein Augenblick für die Ewigkeit? Nein, aber konserviert wurde er schon. Sonst stünde er nicht hier.

Nun hatte er neben der Universitätsgraduierung auch noch quasi einen Fachschulabschluss in Gesellschaftswissenschaften oder Politik. Die Dualität beider Richtungen für ihn sollte sich im November des gleichen Jahres fortsetzen, als er, wie geplant, Parteisekretär des Instituts wurde und kontemporär sein Fachgebiet in der Lehre – ohne große Mühe möglich – in der Forschung aber ohne materiellen Hintergrund quasi aus dem Nichts aufbauen musste. Die Mühen der Ebenen begannen.

Zuvor aber feierte Jans Familie die Zusammenführung, der Ehemann und Vater war wieder da. Man fuhr zusammen zu einem erst- und einmaligen Besuch einer Veranstaltung im »Palast der Republik«, wieder einmal, na, wohin? Nach Berlin. Der Eindruck des Gebäudes und seiner Innenausstattung waren großartig, er trug dazu bei, dass die durchaus partiell doktrinären Impressionen der Parteischule nicht in einem Abfall vom sozialistischen Glauben endeten.

Per se war nicht zu ahnen, dass zwanzig Jahre später in einem einmaligen, von unglaublichem Hass getriebenen Piratenakt mit vorgeschobenen Argumenten dieses Aushängeschild des Volkes durch die vermeintlichen Sieger der Geschichte geschleift wurde. Auch und insbesondere ihre obersten Protagonisten. Bei ihnen hatte man vorher mit langen Wartezeiten die Klinken geputzt, um eine Audienz zu erhalten. Gemeint sind die erbärmlichen Prozesse gegen Honecker, Krenz und viele andere. Noch heute für Jan unfassbar.

26 Viele Hobbies – eines besonders

Jan wurde von seinen Mitschülern zu Oberschulzeiten als Multitalent wahrgenommen. Das erfuhr er aber erst, als sich die Klasse 1998 zum vierzigsten Jahrestag des Abiturs am Ort des nunmehrigen Gymnasiums traf. Schlimm genug, keine DDR-Oberschule mehr. Er hatte das überhaupt nicht so gesehen, war echt überrascht und erstaunt. Jan war als junger Mensch ein aktiv interessierter Naturbursche, und das war er eben, ohne hierin eine Sonderstellung zu sehen. Keine Spur von Verstellung, hat er nie gekonnt. Ja, gewiss, er war ein im Kreis- bis Altmarkmaßstab engagierter und erfolgreicher Sportler in mehreren Disziplinen, etwa Leichtathletik, Handball und Radsport. Mit seiner Partnerin Gitti das erste Paar im Volkstanz des Kulturensembles seiner Oberschule. Und das Singen gehörte zu seiner Leidenschaft, Solo in diesem Chor, etwa das Lied von den Partisanen vom Amur oder Solo außerhalb in einem Gesangs-Wettbewerb im Schülerheim. Da sang er ad hoc nur Westschlager, etwa von Freddy Quinn und so, dass die zuhörenden Schüler regelrecht in Rage gerieten. Negative Folgen für ihn? Vielleicht, er hat sie nicht bemerkt.

Multitalent? Eher mit einigen Anlagen mehr. Viele übliche Schulen hat er umgangen, waren nicht erforderlich, das brachte er einfach mit. Eine Tanzschule hat er nie besucht, das hatte er ohne diese arabesken Dressurschritte drauf. Skischule? Auch nicht notwendig, Langlauf ohnehin und alpin, eigene Schulung, im Riesengebirge, in der Hohen Tatra und nach der erstickenden Umarmung mit dem eingeströmten Westwind in den österreichischen Alpen. Schwimmschule? Auch nicht. Aber da gab es kein Talent, sondern eine anlagenseitige Restriktion. Ein autodidaktisches Aneignen der Grundlagen, zumeist im nahen Arendsee, der Perle der Altmark. Jan konnte sich damit ein Leben lang ganz passabel über Wasser halten. Und die Fahrschule? Sie war nicht zu umgehen, bei allen Anlagen sowie allem Freiheitsgeist im Rahmen der DDR-Gesetze, aber mit einem Minimum an Stunden war sie in Berlin Anfang der siebziger Jahre mit einem alten »Wartburg« geschafft.

Die Palette für dieses angebliche Multitalent vervollständigt sich mit dem großen Interesse für die Botanik. Es resultierte ein Herbarium, das er unüberlegt an eine seiner jugendlichen Freundinnen, einer Apothekenhelferin, nach dem Abitur verschenkte. Sein älterer Bruder, ein Forstwirt, zuvor war sein tragisches Schicksal dank der Übernahme durch die Brüder und Schwestern zögerlich und mit viel Bauchschmerzen thematisiert worden, hatte bei der Ideengebung und direkten Pflanzenbestimmung die Wurzeln gelegt. Und noch etwas: Die Fotografie begleitete Jan in Leben lang, zunächst so Anfang der sechziger Jahre analog, danach ab der 2000er Jahre digital. Auf allen Weltreisen und ebenso daheim war der Fotoapparat stets dabei. Die Bilder waren Rahmen und Ergänzung für zahllose populäre und wissenschaftliche Vorträge in den siebziger und achtziger Jahren über die Schiffsexpeditionen, die Marine Geologie, die Karibik, Westafrika sowie Mocambique, später Mittelamerika und die Südsee.

Dem Beruf geschuldet war das Sammeln von Mineralen ein durchgehendes Hobby von Beginn an und bis zum Schreiben dieser seiner Zeilen. Dazu muss der Jan betonen, dass nur ein Bruchteil seiner Berufskollegen dieser Leidenschaft nachging. Geologe oder Mineraloge hieß nicht gleich Mineralien- oder Gesteinssammler. Ein verrufener Mineralienhai war er jedoch nie, zwar passioniert, aber nicht fanatisch.

Drei Stunden und mehr hatte Jan intensiv gegraben, mit Spitzhacke, Spaten und seinem Geologenhammer. In dieser Zeit war er in einer Tiefe angelangt, bei der man ihn stehend nicht mehr sah. Gänzlich verschwitzt, es war sommerlich warm an diesem Tag im Erzgebirge, lehmverschmiert und durstig legte er eine Pause ein. Lehmverdreckt waren auch die geborgenen Gesteinstücke, aber hier und da schimmerte es verlockend violett, bisweilen auch rötlich durch. Das war das Kriterium, sie als Fundstück zu erkennen und vorerst zu sammeln. Er legte diese Brocken sorgfältig am oberen Rand des gegrabenen Lochs ab. Dazu musste er sich, mit zunehmender Tiefe immer mehr, nach oben recken, um die Umrandung mit den Händen zu erreichen. Nach anschließender vorläufiger Reinigung an einem nahen Bach konnte er beurteilen, ob die Stufen, wie die Mineraliensammler dazu sagen, aufhebenswert waren oder verworfen werden konnten. Die gründliche Reinigung mit Wasser und harter Bürste erfolgte dann erst daheim oder wie in diesen Jahren im dreißig Kilometer entfernten Urlaubsquartier.

Nicht so an diesem Tag. Ziemlich müde, aber dennoch sportlich kletterte er mühelos aus seinem Loch, um seine Schätze zu begutachten. Das war dann stets der große Augenblick mit der vagen Hoffnung, dass eine besonders attraktive Mineralstufe, mit kräftigen Farben, deutlichen Strukturen oder wie an diesem Ort, mit idiomorphen, also eigengestaltigen Pyramidenspitzen, dabei war. Hier waren Amethyste, Achate und Quarzkristalle zu erwarten. Der Fundort war weithin bekannt. Aber als Jan oben war, erwartete ihn gar nichts. Seine oben abgelegten Stücke, etwa zehn, waren einfach weg. Während er unten kräftig grub wurde er oben offensichtlich umsichtig bestohlen.

Ringsherum war auf dem Grabungsfeld, eine baumfreie Fläche von der Größe eines Fußballfeldes, niemand zu sehen, er war an diesem Tag allein dort, so meinte er zumindest. Zur Verfüllung des Grabungsloches hatte er verständlicherweise keine Lust mehr. Nach den Sammelvorschriften sollten aufgegebene Schürfe wieder mit dem Aushub, also dem tauben Material, verfüllt werden. Manche taten das, die Mehrheit aber nicht. Er nahm sich vor, tags darauf die Suche an gleicher Stelle fortzusetzen.

Jans Interesse an Mineralen war seiner angeborenen Freude an kräftigen Farben und klaren Formen geschuldet, geometrisch scharfen Kanten und ebenen Flächen. Das galt selbstredend ebenso für die Vielfalt der belebten organischen Natur, etwa Blätter, Blüten, Äste, Wurzeln, Bäume, Wälder, Pilze und anderes mehr. Und irgendwie auch für Menschen. Es waren demnach zunächst ästhetische Aspekte, die er später mit den wissenschaftlichen Zielen seiner Berufsrichtung zu verbinden suchte.

Er hatte, aus der Not einer zweifachen Ablehnung geboren, Ende der fünfziger Jahre ein Mineralogie-Studium in Berlin begonnen, nachdem er mit seinem Studienwunsch Geologie gescheitert war. Der Genosse Zufall gestattete wenige Wochen nach dem Semesterstart den Fachrichtungswechsel zur primär gewünschten Studienrichtung. Am Abiturzeugnis konnte es eigentlich nicht gelegen haben. Gab es andere Gründe? Vielleicht, er war nach seiner Herkunft kein Angehöriger der herrschenden Arbeiter- und Bauern-Klasse, ein gesellschaftspolitischer Grund? Damals zu DDR-Zeiten ein wichtiges Auswahlkriterium, was Jan durchaus aus historischen Gründen akzeptierte.

Aber wenn es ihn betraf? Hatten sie ihn damals schon betrogen und enttäuscht, ohne dass Jan es ahnte? Später dann: Wo war sie, diese herrschende, über 40 Jahre bevorzugte Klasse, bei den entsetzlichen Vorgängen 1989/1990? Jan konnte es nicht begreifen! Die lärmende, vergleichsweise kleine Masse, aber lautstark, etwa in Leipzig, war es jedenfalls nicht. Sie wurde jedoch aufgesprungen gesteuert von rasch eingeflogenen Wessis, mit viel Geld und viel Fahnen und Transparenten, begleitet von gekauften Claqueuren, die bei sozialen Unruhen immer zur Stelle sind. Dabei soll keineswegs in Frage gestellt werden, dass einige dieser heterogenen Gruppen durchaus ehrlich für einen besseren Sozialismus auf die Straße gegangen waren. Da konnte Jan sozusagen mitgehen. Als der im November 1989 propagierte Slogan »Wir sind *das* Volk« in »Wir sind *ein* Volk«, etwa im Februar 1990 umgeschlagen wurde, war das Schicksal des Sozialismus auf deutschem Boden besiegelt. Das war der entscheidende qualitative Sprung. So einfach kann der Jan anhand seiner Vita den Bogen aus der Prä-Mauerzeit von der Schurfgrube für Mineralien zum Jahrhundertereignis, dem Mauerfall, schlagen.

Die Sammelleidenschaft für Minerale und Gesteine begleitete Jan ein Leben lang. Sie war immer gepaart mit seinen Geländearbeiten, Untertage, auf den Meeren, im In- und im Ausland. Aber stets war sie sekundär, soll heißen, die Dokumentation wurde nach Erledigung der eigentlichen Arbeiten, wenn überhaupt, vorgenommen. Das Resultat war ein quantitatives Torso von gesammelten Stücken und Stufen, unsortiert, immer mit dem Fundort bezeichnet, bisweilen dem Jahr und der vorläufigen fachlichen Bestimmung versehen. In verschiedenen Kartons und Orten abgelegt, immer mit dem Hintergedanken im Kopf, sie irgendwann, wenn Zeit dafür ist, zu ordnen. Dieses musste also aufgearbeitet werden und das wurde es, umfassend und abschließend archiviert, über etwa zwei Jahre, nach der Emeritierung.

Im gleichen Gebirge sah sich Jan eines Tages konfrontiert mit der DDR-Staatsmacht. Auf unterster

Ebene. Er hatte unerlaubt auf einer Halde des Uranbergbaus – am Schacht Pöhla – nach Mineralen gesucht und war vom Betriebsschutz gefasst worden. Er hoffte dort nicht unbegründet ein seltenes Mineral zu finden, ein Sulfat des Bariums, Schwerspat sein Name. Ein Begleitmineral der Pechblende und nur dort in dieser Ausbildung zu finden. Uran hieß Wismut, Wismut hieß höchste Geheimhaltung und Wismut hieß aber auch erhebliche Umweltschäden. Uran für die UdSSR hieß jedoch vor allem Aufrechterhaltung des globalen atomaren Gleichgewichts. Der Leser mag entscheiden, wo die dann weltweiten ökologischen Schäden, im Konfliktfall, größer gewesen wären. Die Menschheit wäre, etwa wie die Dinos vor fünfundsechzig Millionen Jahren, ausgelöscht worden. Ein Gespräch in Schwarzenberg, dem zuständigen Polizeirevier mit dem ABV, steht für Abschnittsbevollmächtigter, schaffte diese Angelegenheit jedoch rasch aus der Welt.

Diese Fundbeschreibung passt exemplarisch für sechs Jahre von sorgenfreien Urlauben im westlichen Erzgebirge in der achtziger Jahren. Die Familie Jans mit den beiden Töchtern hatte großes Verständnis für dieses Hobby, teilweise beteiligte sie sich aktiv an den Grabungsarbeiten, inklusive der aufwendigen Reinigung. Das Fundgebiet gehörte zur einer lokalen LPG, es sah wegen seiner unter Sammlern bekannten, guten Fundmöglichkeiten, wie eine von Kratern durchlöcherten Mondlandschaft aus. Die Sammelerlaubnis zu DDR-Zeiten war, unter Beachtung ökologischer Aspekte, für ein geringes Entgelt beim jeweiligen Rat des Bezirkes, Abteilung Kultur, zu bekommen. Das änderte sich dann abrupt mit dem Beginn der neuen Zeitrechnung. Auch hier erfolgte die Rolle rückwärts.

Das genossenschaftliche Land, das die Fundstätte der Amethyste und anderer Minerale einschloss, ging an die früheren Eigentümer oder deren Erben über. So wollte es der sogenannte Rechtsstaat. Hat mit Gerechtigkeit nichts zu tun. Die Familie Werner aus dem benachbarten Dorf, erhielten den Grund und Boden zurück, den sie bei Eintritt in die landwirtschaftliche Genossenschaft Anfang oder Mitte der sechziger Jahre, eingebracht hatten. Jan hatte diese Familie mit Hilfe des Internets, nicht so ganz ohne Aufwand, ausfindig gemacht. Da war er bereits weit jenseits des Emeritierungsdatums. Mit interessierten Masterstudentinnen und Studenten, die noch ein Modul in diesem konsekutiven Master-Studiengang belegen mussten und ihn überredeten, führte Jan eine einwöchige Erzgebirgs-Exkursion durch. Sie schloss diesen prospektiven Amethyst-Fundort ein und der Eigentümer unterstützte die jungen Leute beim »Buddeln«, sogar mit schwerem Gerät.

Die mineralogischen Fundstücke aus dem Erzgebirge waren dann Jahrzehnte später ein wesentlicher Teil seiner nunmehr durchgestylten, systematisierten, katalogisierten, auch fotografierten, etikettierten, recht umfangreichen Sammlung. Zuvor jedoch traten dann als zweites Standbein die Granate aus einem Fundort, europaweit bekannt, im hinteren österreichischen Ötztal, in Tirol, hinzu. Auch über mehrere Jahre aufwändig besucht. Post mortem wird sie, in Gänze, mit Stufen aus aller Welt, Teil einer weltberühmten Sammlung in Freiberg in Sachsen werden und für Anschauungs-, Ausbildungs- und Forschungszwecke zur Verfügung stehen. Jans Plan, sie ja nicht einem privaten Sammler zu überlassen, ging nach intensiven, aber negativ resultierenden anderweitigen Bemühungen, schließlich auf. Privat war für Jan ohnehin ein rotes Tuch. Er dachte dabei an die unmittelbare Übersetzung dieses lateinischen Wortes – wörtlich rauben/berauben. Das kann man per se verallgemeinern. In Privathänden wäre sie schlimmstenfalls für unwissenschaftlichen, esoterischen

Hokuspokus einer flächendeckenden Volksverdummung verwendet worden, wie er allenthalben nach dem Mauerfall auch in den atheistischen Osten eingezogen war. Für ihn eine große Beruhigung und tiefe Befriedigung.

27 In die Niederlande, in die DDR und zurück

Die Genehmigung zog sich hin, scheinbar unendlich lange. Gemeint ist eine beantragte Studienreise in die Niederlande, zum »Nederlands Instituut voor Onderzek der Zee« (NIOZ), gelegen auf der westfriesischen Insel Texel. Es dauerte Monate bis endlich die Zustimmung für eine Woche im Sommer des Jahres 1988 eintraf. Die vorherige Studienreise lag viele Jahre zurück und ging 1976 nach Moskau, an die Akademie der Wissenschaften der UdSSR.

Diese nun, drei Jahre nach der Dozenten-Berufung, gehörte zu Jans Vorstellungen, das bis dahin in Greifswald nicht existente Fach angemessen zu etablieren. Das hieß insbesondere die Vorlesung zur Meeresgeologie, auf einem vorher erarbeiteten, schmalen Fundament vorhanden, auszubauen und diese mit Forschungsaktivitäten zu unterfüttern. Auf nationaler Ebene war das erfolgt, nun sollten internationale Kontakte hinzutreten. Den Burg mit seinem NIOZ in den Niederlanden hatte Jan sich ausgesucht, nicht über das Internet, damals noch unbekannt, zumindest im Osten Deutschlands, sondern aus Publikationen ausgewählt. Warum nicht das naheliegende Kiel, das westdeutsche Zentrum für geowissenschaftliche Meeresforschung, weiß Jan Josef nicht mehr so genau. Er hatte dann später so seine Vermutungen, warum nicht. Im Vorfeld gab es mehrfach telefonische Kontakte. Auch das Kaufen von passenden Gastgeschenken, etwa repräsentative Bildbände von Greifswald und seiner Universität, gehörten dazu. Nein, kaufen, das stimmt nicht, vom Direktorat für Internationale Beziehungen erhielt er sie zum Mitnehmen.

Es war früher Morgen, als er in Amsterdam auf dem Hauptbahnhof eintraf. Er hatte eine zwölfstündige Bahnfahrt von Greifswald aus hinter sich. In Berlin stieg er am Bahnhof Friedrichstraße in den D-Zug. Die Zugangshalle war der später von den Wessis so genannte und zum Museum ausgebaute »Tränen-Palast« – Ort zur deutschen Trennung. Jan reihte sich in eine lange, langsam kriechende Warteschlange ein, bis er von einem Grenzsoldaten, der Jans Ungeduld bemerkte, mit einer abfälligen Bemerkung in Richtung der Menschentraube freundlich zu einem anderen Zugang zum Fernbahnsteig geleitet wurde. Dort konnte er scharfe Kontrollen der Waggons vor dem Einsteigen beobachten und versuchte sich diese zu erklären. Bei Jan waren es auch Tränen, aber solche der Freude. Konnte er doch als Hochschuldozent endlich die bestehenden internationalen Kontakte für sein Fach erweitern.

Nach kurzer Zeit hielt der Zug bereits wieder im Bahnhof Berlin-Zoologischer Garten, danach kamen unter manchen anderen Hannover, Dortmund, Amersfoort, Hengelo. Der holländische Zöllner kurz vor Amsterdam war ziemlich unfreundlich, seinem Bahnkollegen murmelte bei der Kontrolle so etwas wie »ostdeutsch« zu, das Gepäck blieb aber unkontrolliert.

Ein spartanisches Frühstück in einem Straßenkaffee erlaubte sich Jan. Ebenso gestatteten es die wenigen Stunden Aufenthalt vor der Weiterfahrt nach Den Helder ins berühmte Rijks-Museum mit der Nachtwache vom Rembrandt zu gehen und um kurze Eindrücke von der Innenstadt mit ihren Grachten zu gewinnen. Die allenthalben zu sehenden Straßenkünstler beeindruckten ihn weniger als die bettelnden Obdachlosen in einem desolaten Zustand im Umfeld des Hauptbahnhofs, wie sie wenige Jahre später auch in Greifswald zu den blühenden Landschaften gehörten. Beides war schmerzendes Neuland für Jan.

Im Institut auf der Insel Texel, halb unterirdisch gebaut, wurde er schon erwartet. Herzlich begrüßt, obwohl total fremd, wurde Jan von Prof. Duke Eisma, mit dem ihn später eine jahrelange Freundschaft verband. Das hat seine Ursache auch in einer kritischen Sicht, sehr begründet, auf das nazistische Nachkriegswestdeutschland sowie die Skepsis gegenüber dem Kapitalismus generell. Im Gästehaus des NIOZ konnte Jan unentgeltlich wohnen, günstig für seine schmale Devisenkasse. Auch das Telefonieren nach Hause ging auf Institutskosten. In zwei Vorträgen informierte Jan über den Stand der Meeresgeologie in der DDR sowie seine Forschungsergebnisse aus dem südlichen Atlantik in Sachen Manganknollen. Vermutlich war da einiges dabei, was zu Hause einen Stempel trug. Das Interesse auf holländischer Seite war geweckt und man vereinbarte einen Gegenbesuch in die DDR sowie erwog eine Forschungskooperation.

Es erfolgte dann im April 1989, dem Schicksalsjahr, ohne es natürlich ein halbes Jahr zuvor zu ahnen, der Empfang des niederländischen Gastes mit seiner Frau. Seine beiden Kolloquien über Forschungsarbeiten in der Nordsee und dem holländischen Wattenmeer waren von Studenten und Mitarbeitern im Hörsaal bestens besucht, so häufig waren Gastvortragende aus dem westlichen Ausland in Greifswald nicht.

Prof. Eisma und seine Frau waren Gäste in Jans Wohnort am Strelasund, er zeigte ihnen die Sehenswürdigkeiten hier im Norden, Rügen, Hiddensee, Usedom oder die nahe Kormoransiedlung im nahegelegenen Niederhof. Aber auch Fahrten zum Akademie-Institut in Warnemünde sowie nach Berlin in die Hauptstadt standen auf dem Programm. Memoriert wird in diesem Kontext, dass sich der niederländische Gast über ein für ihn unerwartetes Jazzkonzert um die Mittagszeit in einem Café in der Straße Unter den Linden entschieden mehr freute, als über die preußischen Protzbauten im Stadtzentrum Ostberlins. Dafür hatte er wenig freundliche Worte.

Am Schluss dieses Gegenbesuches stand eine offizielle Vereinbarung zur künftigen Kooperation der DDR- und der niederländischen Einrichtung, die an keine Universität gebunden war. Ein eigenständiges ozeanografisches Institut, es soll eines der ältesten der Welt sein.

Diese Absichtsvereinbarung kam dann nie zum Tragen, aus hinreichend bekannten Gründen. Dafür gab es weiter bestehende private Kontakte. Im Juli 1990, kurz nach der Einführung der Westmark, die angeblich so lauthals aus des Volkes Seele auf den Straßen gefordert war, fuhr Jan mit Frau und jüngerer Tochter für eine Woche in die Niederlande. Nahe der Insel Texel waren sie im bescheidenen Haus der Eismas Gast, im kleinen Ort Bergen, unweit des Nordseestrandes, bei bodenständigen und sympathischen Leuten. Für die drei Ostdeutschen, also DDR-Bürger in den letzten Zügen, war dieser kurze Zeitraum ein zeitlich willkommener und wohltuender Puffer zum heimatlichen Chaos mit den drohenden, unzähligen künftigen Unbekannten, bis hin zum Verlust des Arbeitsplatzes. Sie liehen sich Fahrräder in Den Burg, um diese Nordseeinsel zu erkunden. Dabei wurden sie vom Verleiher überraschend nach ihren Personalausweisen gefragt. Diese Dokumente wurden ohne weiteres im Juli 1990 noch anerkannt. Einige Wochen später waren sie nur Makulatur, sie landeten im Papierkorb der Geschichte der westdeutschen Geschichtsschreibung. Obwohl dieser Staat von über einhundertdreißig Nationen als eigenständig anerkannt war und die Oberen dieser Länder beim ostdeutschen Staatsratsvorsitzenden um Termine zur Audienz nachsuchten. Vom späteren verlogenen Terminus *Rechtsstaat* hatte Jan in diesem Kontext nichts gehört. Aber die

Großkopfeten in Bonn als vermeintliche Sieger der Historie dachten da anders.

Zu diesen Urlaubsablenkungen gehörte auch eine Inkognito- Fahrt mit dem bescheidenen kleinen Japaner-Auto der Eismas, so waren sie nun mal. Im Siegerland wäre es mindestens ein Audi gewesen. Sie fuhren durch ein Dorf mit dem originellen Geschwindigkeitshinweis über dem Eingangsschild »Dat Dorp is niet gebouwd voor Snelverkeer« und sie fuhren auf dem Ijsselmeer-Damm bis Harlingen in der Provinz Friesland auf der nordöstlichen Seite dieses künstlichen Süßwassersees.

Die Verbindung nach Holland bestand noch viele Jahre. Als Ausländer schrieb dem Jan nach dem Oktober 1990 Prof. Eisma sein Befremden, »die guten Seiten« der DDR nicht übernommen zu haben. Es war interessant, die Sicht von außen auf diesen Okkupationsakt zu lesen. Sie deckt sich mit der nach einigen Jahrzehnten zaghaft geäußerten Meinung, dass in der DDR nicht alles schlecht war. Dem hatte der Jan eine eigene Korrektur entgegenzusetzen – der Wahrheit näher käme die Formulierung, dass in der DDR nicht alles gut war.

Ein kleiner, aber evidenter Unterschied.

28 Immer wieder Berlin, Berlin …

Seit Ende der fünfziger Jahre war über vierzehn Jahre Berlin Jans Wohnort und zunehmend Heimat geworden. Studium, Diplom, Frau des Lebens gefunden, Promotion und erster Nachwuchs. Und das alles in den prägenden jungen Lebensjahren.

Diese angedachte gravierende Weichenstellung, fort aus Berlin, war multikausal begründet. Zunächst war es die unselige Hochschulreform Ende der sechziger Jahre mit der Liquidierung seines Studienfaches. Jan hatte zwar eine unbefristete Assistentenstelle bei den Geografen. Diese waren in Ostberlin an der HU jedoch wirtschaftsgeografisch, also nicht naturwissenschaftlich, orientiert. Und sein studiertes und promoviertes Fach, die Geologie, hatte in dieser Struktur seinen Stellenwert ganz am Ende. So etwas, wie das fünfte Rad am Wagen.

Hinzu kam eine auf absehbare Zeit nicht lösbare prekäre Wohnungssituation. Eingaben über Eingaben wurden geschrieben, um dem Hinterhof mit der baufälligen und zudem lauten eineinhalb Zimmer-Wohnung zu entfliehen. Auch ihre beiderseitige Zugehörigkeit zur jungen Intelligenz wurde ins Feld geführt. Seine Frau war seit Anfang der siebziger Jahre promovierte Ärztin. Umsonst. Zunächst an die unteren kommunalen Ämter, ohne Erfolg. Dann trauten sich die beiden nach ganz oben. Zunächst an den 1. Prorektor der HU Berlin, Prof. Rohde. Vertröstung war die Antwort. Dann an den Bürgermeister von Groß-Berlin, so hieß Ostberlin offiziell damals, Herbert Fechner. Auch er half nicht. Die letzte Hoffnung war der Genosse Konrad Naumann, 1. Sekretär der SED-Bezirksleitung Berlin. Auch hier ohne Ergebnis, im Gegenteil. Wir seien »endversorgt«, diese Formulierung zeigte die Perspektivlosigkeit und löste schlimme Assoziationen aus. Das gab dann den Ausschlag.

Die berufliche Lockung für Jan war ein hoch interessantes Arbeitsgebiet, die Geologie auf den Weltmeeren. Aber eben außerhalb Berlins. Im Osten des Bezirks Rostock, in einem kleinen Dorf. Als neugegründeter Teil eines zentralen Berliner Forschungsinstituts. Die speziellen Anforderungen waren für Jan kein Problem, er war sogenannter Reisekader und damit konnte er auch das notwendige Seefahrtsbuch ohne Probleme erlangen. Von einer unerwarteten Seite taten sie sich aber drohend auf.

Und das Wohnungsproblem? Es löste sich durch eine zufällige Fügung. Im Ort des Instituts wurde zeitparallel die Staatliche Arztpraxis frei und diese hatte eine komfortable Wohnung. Dass es dabei auch Haken und Ösen gab, stellten die beiden erst später fest. Praxis und Wohnung lagen in des Dorfes Mitte an einer neunzig Grad-Kurve der Straße. Die landwirtschaftlichen Großgeräte, dazu die Erdöl-Zisternen sowie zwei Bushaltestellen vor der Tür sorgten für unerträglichen Lärm, unter dem vor allem Jan regelrecht litt. Wie ruhig war dagegen die Hinterhofwohnung in Berlin-Prenzlauer Berg gewesen!

Trotz dieser insgesamt recht eindeutigen Konditionen für einen Wegzug war es für beide ein schmerzhafter Kampf zwischen Pro und Contra. Für und Wider wurden im familiären Mikrokosmos über Monate abgewogen. Die Entscheidung, Berlin für immer zu verlassen, war wohlüberlegt aus quälenden Abwägungen entstanden. Dagegen sprach auch, einen jahrelang gewachsenen Freundeskreis aufzugeben. Bei diesem gab es insbesondere Unverständnis dafür, in eine Gegend zu ziehen, in der aus technischen Reichweitegründen kein Westfernsehen zu empfangen war.

Am 13. August 1973, exakt zwölf Jahre nach dem Mauerbau, war es dann soweit. Ein Skoda und die Spedition brachten an diesem Tag die junge Familie, bestehend nur aus Jan und Käte, die Tochter mit ihren zwei Jahren war noch bei der Leih-Oma geblieben und die Möbel und auf der F 96 gen Norden. Der tschechische Skoda war erst wenige Monate zuvor ausgeliefert worden, nach dreizehn Jahren Wartezeit. Jan hatte ihn bei Studienbeginn bestellt, dieses Gefährt aber wegen der über diesen langen Zeitraum unisono bei U- und S-Bahn, Bus und Straßenbahn extrem niedrigen Fahrpreise nicht gebraucht.

Wenige Tage zuvor waren in Berlin die X. Weltfestspiele zu Ende gegangen. Geschätzte unglaubliche acht Millionen junge Menschen aus weit über hundert Ländern sollen es gewesen sein. Ein für den Osten Berlins riesiges Event, würde man heute sagen, aber die beiden Protagonisten hatten daran kaum teilgenommen. Nein, das stimmt nicht so ganz, Käte, die schon in der Facharztausbildung war, hatte in diesen Tagen erhöhten Bereitschaftsdienst und der war von zahlreichen Einsätzen geprägt.

Wenige Wochen später, die beiden versuchten allmählich Fuß zu fassen, wurden aber ohne Eingewöhnungsphase in die jeweiligen neuartigen Arbeitsprozesse eingebunden, erreichte sie eine unglaubliche Nachricht. Von ihrer ehemaligen Chefin in der Poliklinik in der Leipziger Straße, Dr. Brigitte Wagner, erfuhr Käte, wenige Tage vor dem Umzug stand es fest, dass sie eine 3-Zimmerwohnung in einem Neubau für sie, Jan und Tochter Cornelia erhalten hatte. Und zwar in der damaligen Nobelgegend, unweit der oben genannten medizinischen Einrichtung. Sie habe ob der Kurzfristigkeit und aller abgeschlossenen Vorarbeiten für diesen Scheideweg auf eine Information verzichtet. Es ist müßig, über den dann gänzlich anders verlaufenden Lebensweg der Familie zu spekulieren. Im Nachhinein, aus der retrospektiven Sicht von Jahrzehnten, sind wir dieser Kollegin für ihre kollegiale und humane Haltung zutiefst verbunden.

Die beiden trennten nunmehr fast zweihundertfünfzig Kilometer vom Herkunftsort, aber nur bis 1990, danach waren es fast Lichtjahre. In diesen siebzehn Jahren blieb die mitgebrachte Affinität zu Berlin durchgehend erhalten. Stieg Jan aus dem Auto oder setzte seinen Fuß auf den Bahnsteig, meist Berlin-Lichtenberg, dann war er mental zu Hause. In manchen Jahren dieser Zeitspanne war die DDR-Hauptstadt um ein, bisweilen zwei Besucher um sehr viele Tage reicher. Allein beispielsweise waren es 1976 für Jan vierzig Tage und das war noch nicht das Maximum.

Die Gründe waren keineswegs monokausal. Die Zugehörigkeit zum zentralen Berliner Forschungsinstitut erforderten fast regelmäßig Dienstreisen in die Invalidenstraße 44. Zumeist mit der Reichsbahn, bei mehreren Kollegen mit dem Auto. Die Tage waren dann sehr lang und anstrengend, aber in diesen relativ jungen Jahren wurde diese Mehrbelastung anschließend vom Körper problemlos kompensiert.

Ein weiterer Aufhänger für häufige Berlin-Fahrten, war der Wunsch nach anspruchsvoller Kultur. Die großartige Theaterlandschaft in Ostberlin, auch im internationalen Vergleich, hatte die Ostsee-Emigranten über viele Jahre regelrecht verwöhnt. Häufig, wenn es die Bereitschaftsdienste von Käte Luise erlaubten, setzte sich Jan mit ihr und den Kindern ins Auto und fuhren gen Süden. Das »Berliner Ensemble«, die »Komische Oper«, das »Maxim Gorki Theater« und andere altbekannte Spielstätten wurden zu Aufführungen besucht. Am häufigsten jedoch sah das Kabarett »Die Distel« die beiden aus dem vorpommerschen Dorf. Hatte Jan bereits zuvor nahezu seit 1959 jedes Programm gesehen, manche mehrfach, danach waren es kaum weniger. Das neue Jahr in der Hauptstadt zu begrüßen, im hochstöckigen Stammhotel am Alexanderplatz, zumeist mit Freunden aus früherer Zeit und mit Ausnahme des Schneewinters 1978/79, war ein sehr beliebtes Ritual.

Jans generelle Sammel- und Dokumentationsleidenschaft übertrug sich auch auf die Programmhefte der jeweiligen Vorstellungen. Sie wurden sorgfältig mit den Eintrittskarten archiviert, nach Datum eingeordnet und in Ordnern abgelegt. So kamen acht dicke Aktendeckel seit dem ersten Studienjahr zustande. Hauptsächlich gefüllt mit den Berliner Programmen, jene aus Moskau, Warschau, Leipzig oder Freilichtbühnen in der DDR, resultierend aus Urlauben, wurden ebenfalls aufgehoben.

Der eine Ordner mit den Programmen aus Jans und Kätes ausgedehnteren Jahren im Norden ist lediglich halbgefüllt. Das lässt Arroganz gegenüber den hiesigen Theatern in Greifswald und Stralsund vermuten. Nein, gewiss nicht. Es gab in diesen zwei Theatern hinreichend Versuche, aber die beiden verglichen ständig mit dem Weltniveau, nicht Westniveau, in Berlin, mit dem Ergebnis: Die qualitativen Unterschiede waren einfach zu frappant.

Der Wunsch nach Kultur schloss die kleine Schwester, die Mode mit allem was dazu gehörte, ein. Vornehmlich für Käte in Sachen moderner Oberbekleidung, später dann auch für die erwachsen werdenden Töchter. Waren es zu Beginn etwa die nur in Berlin gehandelte, in Tetraeder verpackte Vanillemilch, später dann mehr das Interesse für Jeans und Modeschmuck. Der Friseursalon von 1973 für Käte war 1990 noch der gleiche. Nein, das stimmt nicht, nicht er, aber die Stylistin, damals noch nicht so genannt, waren identisch. Top frisiert und in verschiedenen Haarfarben war Käte immer attraktiv. Jan leistete sich den teuren Gag, rote High-Heels, als Geschenk gedacht, auf Nimmerwiedersehen in der U-Bahn-Linie nach Lichtenberg, zu vergessen.

Ein dritter Grund für die »Immer -wieder-Berlin«-Fahrten waren Urlaubs- und Auslandsreisen, die über das zentral gelegene Berlin führten. Von dieser Zwischenstation ging es weiter, etwa oftmals ins Erzgebirge, ins Riesengebirge oder in die Hohe Tatra. Für Flug- und Bahnreisen war Berlin ein optimal gelegener Ausgangsort. Etwa nach Budapest, Albena in Bulgarien, Moskau zu einem Studienaufenthalt, Maputo und Amsterdam, respektive Den Helder in den Niederlanden.

Diese viele Reiserei nach Berlin und von dort anderswo hin, erforderte aber auch oftmalige Übernachtungen. Jeder Ältere davon Betroffene weiß aus Erfahrung, dass das zu DDR-Zeiten bisweilen recht problematisch war. Anfangs auch für Jan. Seine offene, unkomplizierte und kommunikative Art, insbesondere bei Personen des weiblichen Geschlechts, halfen recht schnell für Abhilfe. Als ausgemachter Feminist, keinesfalls als Womanizer, hatte er rasch eine leitende attraktive Rezeptionistin im Stammhotel in Berlin für sich gewinnen können, Frau Gaby S. hieß sie. Über sie bekam er kurzfristig ein Zimmer, auch bei Überbuchungen, oft auch erst bei unangemeldeter Anreise. Diese aufgebaute Beziehung – immer innerhalb ehelicher Legalität – nutzte er auch für Kollegen seines Instituts in Greifswald oder für seinen Freund im Akademie-Institut in Warnemünde.

Es gab durchaus von ihr Signale zu engeren Kontakten, sie waren auch rasch per Du, damals ziemlich unüblich, aber Jan konnte und wollte nicht über seinen Schatten springen. Und das war gut so, erst zu späten Westzeiten kamen Verdachtsmomente auf, dass sie Informantin für den eigenen oder einen westlichen Geheimdienst sein könnte. Dafür spricht auch ihr Weggang vom Hotel am Alexanderplatz. So Mitte der achtziger war sie zum nur mit Devisen betretbaren, neu erbauten, nahen »Palasthotel« an der Spandauer Straße, ebenfalls in leitender Position, gewechselt. Dieser luxuriöse Bau wurde wie der Palast der Republik – ebenso eine Bilderstürmerei – von den neuen Westherren in Ostberlin abgerissen. Sie ließ den Jan aber nicht vermittlungslos zurück. Sie stellte noch die Bekanntschaft zu einem Herrn G. her, über den in den letzten Jahren vor Ultimo die Übernachtungswünsche zuverlässig liefen. Beide waren nach 1990 nicht mehr auffindbar.

Ähnlich verlief es speziell im Kabarett »Die Distel«. Dort war es eine Frau K., eine sehr ansehnliche, kontaktfreudige Dame, mit ausgeprägter, gut anzuhörender Berliner Mundart. Sie war die Chefin der im Vorraum zum Zuschauersaal etablierten kleinen Bar. Die oftmaligen Besuche, insbesondere in den achtziger Jahren, gingen bei der Kartenbeschaffung auf ihre Unterstützung zurück. So manches Glas Sekt tranken Jan und Käte mit ihr vor der Vorstellung oder in der Pause am Tresen. Dabei erfuhr man so manches Detail zu den Bühnenakteuren, Yellow Press im Kleinen würde man heute sagen und im bescheidenen Ostformat.

Und dann kam der vorerst letzte Berlin-Besuch. Es war im September 1990, am sechsten Tag jenes Monats, und wieder war es ein Donnerstag. Kurz vor dem geschichtlichen Finale der Deutschen Demokratischen Republik. Es traf sich letztmalig die Koordinierungsgruppe der DDR für die Gemeinsame Organisation INTEROZEANMETALL (IOM), die drei Jahre zuvor im polnischen Szczecin gegründet worden war. Ziel: Ihre Auflösung.

Was war vorausgegangen? Sechs RGW-Staaten hatten 1987 diese Institution gegründet. Hauptziel war die Erkundung von Manganknollen im Pazifik. In den Mitgliedsstaaten gab es solche Koordinierungsgruppen, jene der DDR leitete Dr. Kamps, der letzte Direktor des Zentralen Geologischen Instituts Berlin. Jan gehörte ihr als Beauftragter des Hochschulministeriums an. Vereinfacht ausgedrückt sollte er alle langfristig möglichen praktischen Beiträge der Hochschulen und Universitäten der DDR eruieren und zusammenstellen, die der Erfüllung des Hauptzieles dienten. Das betraf alle Teilaufgaben innerhalb der langen Prozesskette von der geowissenschaftlichen Erkundung bis zur Verhüttung, sprich Metallgewinnung aus den Tiefsee-Trüffeln, inklusive marin-ökologischer Aspekte. Eine recht anspruchsvolle und detailreiche Aufgabe. Er hatte einen respektablen Zwischenstand erreicht, da kam das Aus. Was war geschehen?

An einer weiteren Mitgliedschaft in IOM hatte das neue Groß-Deutschland kein Interesse und es trat 1991 offiziell aus. Das war ebenso kurzsichtig wie arrogant. Es verzichtete damit auf die Inanspruchnahme aller zwischenzeitlich gewonnenen wissenschaftlichen Resultate. Immerhin hatte es bis dato zwölf Tiefsee-Expeditionen von IOM gegeben, allerdings nur mit sowjetischen Forschungsschiffen, werden die westdeutschen Nadelstreifen gedacht haben, was dann 1992, da war Deutschland schon raus, von der Internationalen Meeresbodenbehörde in Jamaika (IMB) zur Vergabe von Verwertungsrechten in einem bestimmten Areal im nördlichen Äquatorial-Pazifik führte. Mit bekannter westdeutscher Überheblichkeit gegenüber allem was nach Osten roch, war auf den evidenten Wissensschatz über die Polymetall-Knollen verzichtet worden. Man hat ihn einfach über Bord geworfen, um im marinen Bild zu bleiben. IOM gibt es übrigens als osteuropäisches Konsortium in Sachen Manganknollen heute nach über dreißig Jahren immer noch. Und: Es ist im Besitz eines zugewiesenen Claims im Nordpazifik.

Damit war auch die Existenz der DDR-Koordinierungsgruppe in Berlin obsolet, Jan war damit ebenfalls raus. Es traf von Jan überaus geschätzte Berufskollegen aus der DDR in der polnischen Ostseestadt viel härter, zu IOM delegiert, sie wurden arbeitslos, etwa Dr. Peter Mayer, ein Geophysiker, nicht mehr der Jüngste und Dr. Lutz Gromoll, ein Geologe. Für Jan war das genannte Datum das letztmalige einer Dienstreise zu DDR-Zeiten nach Berlin.

Die Berlin-Reisen nach 1990 beschränkten sich auf wenige objektive berufliche Hintergründe, Privatreisen tendierten gegen Null. Es war nach diesem Datum nicht mehr »sein Berlin«, das er vor über dreißig Jahren kennen und lieben gelernt hatte, ebenso seine lebenslange Frau, die erste Tochter war hier Erdenbürgerin geworden. Zu laut diese Stadt, zu beschmiert, zu dreckig, zu hektisch, mit überbordender unerträglicher Werbung. Sie war dem Jan nunmehr fremd, ja, sie widerte ihn an. Daran änderte sich auch nichts, als Jahrzehnte später, der Alexanderplatz und sein Umfeld allmählich zur anerkannten City-Ost mutierten. Im Unterschied zur City-West um die Gedächtniskirche und den Kurfürstendamm. Damit war auch die in diesen siebzehn Jahren immer wieder gestellte Frage ob der Verifizierung des Weggangs aus dieser Herzensstadt endgültig beantwortet. Ja, ohne Wenn und Aber.

Post festum: Mauerfall und seine Folgen

Die Wochen um den Fall der Mauer sind dem Jan in weitaus dramatischerer persönlicher Erinnerung als jene in den fast drei Dezennien davor, also ihrer Errichtung. Und das liegt nicht nur an der genau achtundzwanzig Jahre geringeren Zeitnähe. Das begann wenige Tage vor jenem neunten November 1989, als er von einer fünfwöchigen Forschungsreise in der Ostsee auf einem sowjetischen Schiff in Rostock einlief. Nach Aarhus in Dänemark waren sie letztmalig in Rönne auf der dazugehörigen Insel Bornholm gewesen. Die Vorfreude auf die Heimkehr war gemischt, waren doch spärliche Informationen zu den Vorgängen in der DDR bis an Bord gedrungen. Und zu Recht nicht ungetrübt, nach knapp sechs Wochen auf See betrat er heimatliches Festland, das, mehr gefühlt, als tatsächlich existent, ein anderes war, als er es vor Wochen verlassen hatte.

Zu Hause traf Jan auf eine Käte voller Unsicherheit und Angst ob der Entwicklungen in den vorherigen Wochen. Das Wiedersehen mit der Familie sollte jedoch danach am ersten Wochenende des Monats November gefeiert werden und wo? Natürlich wieder in Berlin, im Hochhaus-Hotel am Alexanderplatz. Und damit wurde genau das Gegenteil erreicht, keine familiäre Ruhefindung mit den beiden Mädchen zu friedlicher Eintracht, sondern es wurde Öl ins Feuer gegossen bis hin zu tiefer Verunsicherung.

An jenem Sonnabend gab es direkt vor dem Hotelfenster die brodelnde Massenkundgebung gegen den Staat und seine Partei, mit Teilen in ihnen, Jan denkt memorierend mehrheitlich, die einen besseren Sozialismus einforderten, nicht seine Liquidierung. Aber auch solche anderer Couleur.

Sie waren tags zuvor mit einem stotternden Auto in Berlin angekommen und mussten dringend, nach einer Inspektion durch die hoteleigene kleine Reparaturwerkstatt, eine Fachwerkstatt für diesen Autotyp in Berlin-Biesdorf aufsuchen. Und dabei mussten sie durch die riesige Menschenmenge auf dem Alex hindurch, einen Schleichweg gab es nicht. Die Sorgen dazu waren überraschend unberechtigt. Kaum war der Garagenausgang erreicht, trat ein einzelner Mann an das Fahrerfenster, der sich durch die schräg über den Oberkörper drapierte Schärpe mit der Aufschrift »Keine Gewalt« als Organisator und Ordner auswies. Seine freundliche Hilfe zur Schleusung durch die Menschenmassen verband er abschließend mit der unaufdringlichen Bitte, doch an der Ostsee, am »A« des Nummernschildes hatte er unsere Herkunft abgelesen, von der großen Kundgebung zu berichten und Ähnliches zu organisieren. Sichtlich erleichtert fuhren wir Richtung Strausberger Platz davon, kaum ahnend, welch weitreichende, ja weltpolitisches Ereignis kurze Zeit später eintreten sollte.

An jenem Donnerstag, im ersten Drittel des Monats November, war es dann so weit. Jan hatte abends die Vorgänge in Berlin am Fernseher mit Entsetzen verfolgt und am nächsten Morgen beim Frühstück die Familie informiert. »Gibt es Krieg?« war die ängstliche Frage der jüngeren, damals zwölfjährigen Tochter, und auch Kätes Gedanken gingen in diese Richtung. So unberechtigt war diese Fragestellung durchaus nicht. Jan konnte keine befriedigende Antwort geben. Dieser Tag war für ihn der Beginn eines nicht enden wollenden, ganz tief verwurzelten Traumas, das eigentlich bis zum Tag des Schreibens dieser Sätze dauert. Eine Duldungsstarre gab es nicht.

Nun war eine Situation eingetreten, die Jan stets weit von sich geschoben hatte. Als er Mitte der achtziger

Jahre die Parteischule beendet hatte, gab ihm seine bald neunzigjährige Mutter voller Sorge um ihren jüngeren Sohn zu bedenken, sinngemäß: Was machst du, wenn es einmal anders kommt? Ihre Worte. Wenn also die Konterrevolution gewinne? Die Frage war für Jan so absurd, dass er sie lächelnd und vermeintlich besserwissend, als absolut weltfremd, abwehrte. Die alte Frau stammte noch aus dem vorvorherigen Jahrhundert, hatte beide Weltkriege überstanden, vor vielen Jahren ihren Ehemann, meinen Vater, verloren und verfügte über entsprechende Lebenserfahrung.

Exakt acht Tage später, nachdem der sogenannte Eiserne Vorhang fiel und der Kalte Krieg vermeintlich beendet wurde, beides aber nach einer Generationsdauer wieder in ihrer Relevanz gewann, hatte Jan einen großen Geburtstag, die Hälfte eines Säkulums war erreicht. Die entsetzliche westliche Neuzeit war erst wenige Tage alt. Jan war noch immer Parteisekretär seines Instituts, da hieß es noch nicht so und alle, alle kamen, zur Gratulation. Nun ja, vielleicht nicht alle, aber sehr viele. Kollegen, Genossen, Nichtgenossen, Blockfreunde, Laborantinnen, Professoren, Doktoren, mit und ohne Habilitation, Sekretärinnen und natürlich Studentinnen und Studenten. Und sie kamen nicht nur wegen des ausgezeichneten kalten Buffets. Käte hatte es über die einheimischen Fischer insbesondere mit zahlreichen Spezialitäten, inklusive Aal, geräuchert und frisch, bestens organisiert. Heute unmöglich, dieser Berufsstand der Küstenfischer hierzulande ist dank freiheitlicher Demokratie seit einigen Jahren auf der Roten Liste vertreten.

Nun sind sie geschrieben, die achtundzwanzig Geschichten hinter Mauer und Stacheldraht. Nicht ganz chronologisch geordnet, aber ungefähr. Mögen sie dem Leser unaufdringlich zeigen, meint Jan Josef, was, gestützt auf des Volkes Eigentum und mit einem humanen Ziel vor Augen, aber permanent von einem übermächtigen Gegner behindert und bedroht von außen, trotzdem so alles möglich war.

Dem Jan war, nachdem er alle Klippen der Neuzeit fast unerwartet überwunden hatte, schon frühzeitig bewusst, dass er das schlimmste Ereignis des Jahrhunderts auf deutschem Boden erlebt hatte. Die beiden, vom damaligen Großdeutschland initiierten Weltkriege, natürlich prononciert ausgenommen. In einem Piratenstreich sondergleichen war ein im Ansatz humanes und damit gerechtes Gesellschaftssystem liquidiert worden. Für ihn unfassbar, aber es war so. Dem Chaos und den Sauereien der Postrückwendezeit persönlich nicht direkt unterlegen, Stichwort Treuhand unter Chefin Breuel, aber nicht nur, befähigte ihn, recht real zu analysieren.

Und das Resultat war vernichtend, bis auf den heutigen Tag. Die Hoffnung, dass die fortschreitende Zeit nivellieren möge, erfüllte sich nicht. Die wachsende zeitliche Distanz machte die Vorgänge zunehmend transparenter und dass der neue deutsche Staat einer der Unternehmer ist, sprich der Konzerne und Kapitalisten, müsste selbst Dr. Lieschen Müller klar werden.

Übrigens: Zufall oder nicht, es hat schon seinen tieferen Sinn, dass dieser verschwindend kleine Teil der Gesellschaft so heißt und nicht Untergeber. Die Unternehmer sind kurioserweise die Arbeitgeber, eigentlich aber die Arbeitnehmer und die sogenannten Arbeitnehmer sind die tatsächlichen Arbeitgeber. So von den Füßen auf den Kopf gestellt kann der Kapitalismus sein, die Lüge nur groß genug und keiner hats gemerkt. Im Gegenteil, mit zunehmendem Abstand zu den Jahren des Geschehens, also dem Putsch 1989/90, kristallisierten sich Ziel und Methode der Übernahme des deutschen Ostens heraus. Ein seit vielen Jahrzehnten bestehender Traum des westdeutschen Kapitals, seiner selbsternannten sogenannten Wertegemeinschaft, man möchte schreiben, fast uralter, wurde Wirklichkeit. Die Details dazu und ihrem Eingriff in Jans Leben sind in zwei vorherigen Büchern benannt.

Die Ereignisse in den Jahren 1989/90 in Jans Heimat, kurz nach ihrem vierzigsten Jahrestag, haben viele Bezeichnungen, als da sind Wende, Rückwende, Vertreibung ins Paradies, Putsch, Piratenakt, Konterrevolution, Anschluss, Beitritt, Rückfall ins Tierreich, feindliche Übernahme, tödliche Umarmung, Vereinigung, Okkupation, Sturzgeburt, Kolonisierung und anderes mehr. Alle enthalten mehr oder weniger zutreffende Elemente und damit aber nur Teile der tatsächlichen Vorgänge.

Zwei Begriffe jedoch, hier nicht aufgeführt, sind die von den derzeitigen Machthabern als gängig benutzten und verbreitetsten – Friedliche Revolution und Wiedervereinigung – hält Jan für gezielt und orchestriert eingeführt und danach, ohne nachzudenken, als vorherrschendes Allgemeingut verfehlt benutzt und zur Verschleierung der tatsächlichen Prozesse als ausgesprochen unzulässig. Er lehnt sie konsequent ab.

Die Suche nach den Ursachen des Scheiterns der Entwicklung eines humanen Prinzips zum Zusammenleben von Völkern, intern und extern – europaweit – hat Jan sofort nach dem Zusammenbruch aller seiner Ideale begonnen. Es sind subjektive und objektive, eine Melange aus welt- und innenpolitischen Gründen. Die ostdeutsche Eigenständigkeit war aber auch ein soziales Experiment, ein Feldversuch, der gescheitert war. Angesichts dessen, was da als riesige Flutwelle bis auf den heutigen Tag über die Ossis hereinbrach, sind im Kontext mit einer Fehleranalyse, kein Grund es nicht zu wiederholen. Sind es die inhärenten moralischen Eigenschaften des Homo sapiens, durchaus sehr viele davon negativ besetzt, die es verhindern, friedlich und ohne

Ausbeutung zusammenzuleben? Vielleicht sogar der Hauptgrund? Dann allerdings ist die Situation naturgegeben, die Menschheit ist Teil von ihr und, etwa Kriege, sind nicht vermeidbar, so wie Erdbeben, Tsunamis und Vulkanausbrüche. Die Historie der Menschheit ist nachgewiesenermaßen eine Geschichte der Kriege. Trotzdem: Jan gehört dennoch zu den »Ewigmorgigen«, keinesfalls zum gelungenen Versuch der eingerittenen Apologeten aus dem Westen, uns Ossis, soweit sie noch leben und nicht verbogen sind, als »Ewiggestrige« zu stigmatisieren. Ein Terminus, der einer großartigen Rede von Egon Krenz entnommen ist.

So gesehen versuchen unser Jan Josef und seine Käte Luise die verbliebene Restlaufzeit ihres Lebens, auch angesichts ihrer neu gewonnenen Machtlosigkeit in dieser kranken Gesellschaft, sinnvoll zu gestalten und zu überstehen. Wahlen, auf Staatsebene oder nur kommunal, als Alibi für den angeblichen Rechtsstaat sind lediglich Demokratiefolklore.

Eine Ansteckungsgefahr durch ein Nachmachen des oberflächlichen Bussi-Zeremoniells bei Begegnungen mit Bekannten, durch Corona etwas reduziert, besteht gewiss nicht. Und die propagierten Lebenshobbies »Shoppen« und »Spaß haben« als Hauptbeschäftigung des Lebens in der Marktwirtschaft gehen ihnen sonst wo vorbei. Der Totensonntag Ende November jeden Jahres mutierte zum Volkstrauertag, eigentlich dem Erntedankfest der deutschen Rüstungsindustrie.

Geblieben aber ist, kaum schwindend seit den Putschzeiten, die Gepflogenheit beim Händeschütteln mit einem Wessi, anschließend die Finger nachzuzählen, bis heute. Ein weit verbreiteter Erfahrungswert.

Was bleibt? Angesichts der Hilfslosigkeit ist bei Jan eine zu allen anderen Beschwerden neu hinzugekommene Krankheit aufgetreten: ein ausgewachsener Bruxismus, ein nächtliches Zähneknirschen, als schmerzhafter Ausdruck ohnmächtiger Wut.

Eigentlich sollte hiermit das Finale beendet sein. Doch neuere Entwicklungen verhinderten es. Während der Schreibzeit dieser abschließenden Trilogie traten global auswirkende Ereignisse ein, die es nicht gestatten, sie unerwähnt zu lassen. Diese hängen direkt mit im Buchtitel an zweiter Stelle genanntem historischen Ereignis zusammen, dem Mauerfall. Man kann im Alter durch selbst erlebte Zeit, hier in der Spanne etwa einer Generation, weit nach hinten blicken. Über dreißig Jahre zurück, dort liegen die Wurzeln für den Amoklauf Putins im scheußlichen Angriffskrieg gegen sein Brudervolk.

Der vom Westen frenetisch gefeierten Judas von Moskau, der DDR-Chefverkäufer Gorbatschow, von ihm dann auch im gewonnenen Systemwettlauf zum Friedensnobelpreisträger gekürt, verriet den Sozialismus im flächenmäßig größten Land dieses Planeten und in den peripheren Satellitenstaaten. Sein Nachfolger Jelzin, ein Spielball des Westens, zerstörte sein Heimatland und zerschlug den Staatenbund UdSSR. Der Kalte Krieg war scheinbar beendet, von den beiden Militärbündnissen blieb nur die NATO übrig.

Auf der anderen Seite ein offen blutendes, gedemütigtes Land, das zwar den Faschismus zertreten hatte, mit Abermillionen eigener Toten, aber 1994 mit eingezogenem Schwanz das besiegte Land verlassen musste. So, als hätte die Sowjetunion diesen entsetzlichen Weltkrieg im Nachhinein verloren. Die US-Truppen blieben in Westdeutschland, sogar mit Atombewaffnung. Jan hat noch heute dieses kaum glaubhafte Bild vor Augen, als Jelzin, besoffen ein Militärorchester der Bundeswehr zum Abschied dirigierte. Das war ein erster tiefer Schnitt in Jans Herz. Der fast tödliche folgte wenige Jahre später. Die ausmarschierenden Russen gingen, für immer und die einmarschierenden Wessis kamen und blieben, für immer. Und dann versuchte ein zutiefst gedemütigter russischer Präsident diesem Land seine nationale Würde und einen internationalen Status wiederzugeben, ein Machtvakuum zu schließen, sozusagen aufzufüllen. Das war mit entscheidend für seine Zustimmung und Beliebtheit im eigenen Land, begleitet von propagandistische Claqueuren.

Vom Westen spät verstanden, wenn überhaupt, aber medial weitgehend verschwiegen. Stattdessen feiern die Kremlastrologen aus den sechziger und siebziger Jahren fröhlich Urständ, sie sind auferstanden und sitzen nahezu in personeller Abwechslung in jeder Talkshow. Sie sind beliebig austauschbar, in den Sendungen von Markus Lanz bis Anne Will über Maybrit Illner. Seit seinem Machtantritt ziehen die Häuptlinge westlicher Regierungen den russischen Präsidenten am Nasenring durch die Weltpolitik, mit bekannter westlicher Arroganz und vermeintlicher abendländischer Überlegenheit, bei breiter medialer Präsenz. Allen voran ein sogenannter außenpolitischer Experte der CDU, ein treuer Vasall der Amis, aber auch etliche andere gleicher Couleur, denen bei der Argumentation der Schaum vor dem Mund steht, weitgehend ostverblendet und bar realer Urteilsfähigkeit.

Sukzessive hat sich in drei Jahrzehnten der NATO-Gürtel hauptsächlich östlich, aber auch nordöstlich und südöstlich den Westgrenzen Russlands genähert, im Zangengriff geostrategisch halbeingekreist. NATO-Mittelstreckenraketen mit minimaler Vorwarnzeit stehen an diesem Limes, nahe an St. Petersburg (Leningrad mit seinen Belagerungstoten in den vierziger Jahren ist nicht vergessen) und Moskau. Was macht ein gereiztes Raubtier in dieser Situation? Es agiert für seine geschmähte Heimat präventiv.

Diese Überlegungen sind keineswegs eine Entschuldigung für diesen furchtbaren Angriffskrieg gegen ein

Volk, ohnehin durchmischt mit Russen und anderen osteuropäischen Völkern, mit dem man vor etwa fünfundsiebzig Jahren gemeinsam den deutschen Faschismus mit unglaublichen eigenen Opfern besiegt hat. Lediglich der Versuch einer objektiven ursächlichen Erklärung, fern jeglicher altwestdeutschen einseitigen Erklärung.

Die deutsche Kriegsberichterstattung ist geradezu ein medialer Hype, qualitativ und quantitativ. Jan, als konservativer Linker, hat den Eindruck, dass die TV-Meldungen und Thematisierungen über nur einen Tag zum Ukraine-Krieg etwa jenen über zwanzig Jahre des US-amerikanischen Afghanistan-Krieges entsprechen. Gewiss etwas übertrieben. Anstelle von Afghanistan könnte auch Irak, Jugoslawien, Grenada oder gar Vietnam stehen. Und immer waren die Amis mit ihren Lügen, Halbwahrheiten und Weglassungen die Protagonisten maßgeblich. Wo blieb, auch die deutsche, Empathie zu den Völkern dieser Länder? Den Russophobie-Affen wird kräftig Zucker gegeben und der imperial agierende Putin, an der Spitzeeines kapitalistischen Staates, liefert reichlich Stoff dafür.

Diese totale Einseitigkeit der Darstellung, euphemistisch ist erst der Vorname, nährt natürlich Zweifel an ihrer Ehrlichkeit und führt direkt zur Heuchelei. Selbst die realen und mahnenden Worte aus dem Heiligen Stuhl vom Stellvertreter Gottes auf Erden, verhallen nahezu ungehört in den Redaktionsstuben sich sonst nach außen so christlich gebender Journalisten und Lobbyisten.

Die unzähligen Sanktionen westlicher europäischer Staaten in diesem Stellvertreterkrieg verpuffen und sind lediglich Selbstverstümmelungen der eigenen Wirtschaft auf Kosten der Bürger. Die westlichen Macher sollten bedenken: Russland wird Putin überleben, nicht umgekehrt.

Danksagung

Stefan Brunk-Mrazek danke ich ausdrücklich für die computertechnische Unterstützung bei der Fertigstellung meiner Manuskripte.

Johann Mrazek

Johann Mrazek
Als aus dem Norden der Nordosten wurde
Eine persönliche Abrechnung
verlag am park